ちくま新書

学びなおす算数

小林道正
Kobayashi Michimasa

JN052752

1545

学びなおす算数

立方体を切る／立方体の切断面が三角形になる場合／立方体のさまざまな断面／球、円柱、円すいの切断面

はじめに

　本書は、大人のための算数教室です。算数は何を教えているのか、かつて教わった算数とは何だったのかを学び直したい大人のために用意しました。

　計算方法を思い出してもらうというのではありません。算数の理論を知ることで、その構造や数学的思考に触れていただくために書きました。もちろん小中学生が抱く素朴な疑問や、当たり前と思っていたために答えに窮する質問に応えるヒントを得ることにもつながるでしょう。

　小学校の算数や中学校の初等数学は、じつはやさしい内容ではありません。人類の長い歴史の中で培われてきた英知がびっしりと詰め込まれており、抽象的・論理的にできています。

　算数の原理を理解するためには、計算できることを超えて、高度な思考力が必要です。これは、成熟した大人でないとできないことなのです。

　皆さんの中には、あまり深く考えなくても、そこそこ算数ができる小中学生だった方もいらっしゃるでしょ

う。計算トレーニングの繰り返しによって、問題パターンに対する解法を、条件反射的に身につけたという方々もいるでしょう。

　計算練習は大切です。しかし小中学生のころ、繰り返しトレーニングと丸暗記だけで乗り切ってきた人ほど、算数の奥深さに触れられなかった可能性があります。まずは疑問に思うこと、その理由を考え、楽しむ必要があるのですが、目先の成績を気にして、そこを飛ばしてしまったわけです。

　高校以降の高等数学になると、暗記だけでは立ち行かなくなるので、数学が苦しくなっていきます。すると、学校を卒業して数学から遠ざかったとたん、きれいさっぱり忘却してしまいます。

　後年、小学生の子どもから聞かれた算数の問題について、解答例を見ればわかるものの、子どもが納得するような応答ができず、「とにかく公式を覚えればいいのだ」と言ってしまう方も多いのではないでしょうか。

　そういう人ほど本書に新しい発見があるでしょう。「なるほど、そういう意味だったのか」「こう教えれば、小学生が理解できるのか」と思うに違いありません。

　本書は文部科学省が検定した小学校教科書に沿った解

説書ではありませんが、科学的な観点から、認知的、心理学的、そして何よりも数学的な思考を踏まえた、算数を提示します。算数や数学の理論はいろいろあるので本書の考え方が唯一のものではありませんが、本書で紹介することは、最良の内容であると自負しています。

第1章

数とは何か

†数の感覚

　たとえば、「旅人算」という、有名な算数の問題があります。

　A町とB町は1.5km離れています。花子さんはA町からB町へ向かって、毎分70mの速さで歩き始めました。太郎さんはB町からA町へ毎分80mの速さで歩き始めました。2人とも同じ道を歩くとして、2人は何分後に出会うでしょうか？

　また中学入試で頻出する問題に、「濃度が異なる食塩水を結合する」というものがあります。

　濃度が3%の食塩水700gと、2%の食塩水300gを合わせると、何%の食塩水が何kgできるでしょうか？

　どちらの問題も、筆算しなくてもいいように数字を単純にしました。いかがでしょうか。

　答えを先に言ってしまうと、前者は10分後に出会い、後者は2.7%の食塩水が1kg（1000g）できます。計算式にするとこういうことです。

　旅人算の問題は、ふたつの町の距離と、2人が1分間に近づく距離の商で導けます。

　　1500 m÷（70 m/分＋80 m/分）＝ 10分後

食塩水の結合は、それぞれに溶けている食塩の和と、混ぜ合わせた水溶液の総量の商から導けます。

$$(700\,\mathrm{g} \times 0.03 + 300\,\mathrm{g} \times 0.02) \div (700\,\mathrm{g} + 300\,\mathrm{g})$$

$$= \frac{27\,\mathrm{g}}{1000\,\mathrm{g}}$$

$$= 0.027$$

$$= 2.7\%$$

　じつは、上記の問題はキロメートル（km）とメートル（m）や、グラム（g）とキログラム（kg）という異なる単位を説明なく使用しています。

　習い始めたばかりの小学生にとっては混乱するポイントでしょう。

　また後述する「内包量」がわかっていないと、問題の本質が理解できません。小学生が難しいと感じるのも当然です。

　というわけで、小中学校で習う算数は、ご自身が思っている以上に高度なものなのです。

　第1章ではまず、「数とは何か」を考えます。

†数とは「量」を表すもの

　数学は、字面通りに読めば、「数についての学問」ということになります。では「数とは何か」となると、数学

者の間でもいろいろな説があるのが現状です。

　大きく分けると、「数とは実体のあるものだ」という説と、「数とは抽象概念であり、実際には存在しないものだ」という説です。

　本書は、数とは抽象的なものであるという考えにもとづいています。数の「3」そのものは手に取ってみるわけにいきませんから。

　算数の勉強が進んでいって子どもがまず戸惑うのが、「抽象的な数」というものについてです。

　人間の発達において、人がまず認識するのは、実体のある数についてです。

　子どもが1人2人3人、リンゴが1個2個3個など、ほとんどの人はまず、この世に存在するものを通して「実体のある数」を覚えます。

　「チューリップの花を3本」「子猫が3匹」（犬派の人は子犬に置き換えてください）「3人の生徒」「3Lの水」「3kgのリンゴ」などは、目で見たり手に持ったりして、その存在を確かめられます。

　要するに、この世に存在するものには必ず「量」があり、量には「どれくらいたくさんあるか、どれくらい少ないか」を示す「数」が付随しているということです。

　大小の概念は「多い、少ない」だけでなく、「強い、弱い」「長い、短い」「広い、狭い」「速い、遅い」等々あり

ますが、どれも「数」を抜きにして、私たちが、量をはかることは困難なのです。

　量に対応する言葉に「質」があります。リンゴと水で、量と質を考えてみましょう。

　同じ重さのリンゴと水があるとします。リンゴは果物で、食べると甘酸っぱい味がする（個体差あり）とか、ビタミンやミネラルや食物繊維といった栄養素が含まれるとかは、「リンゴの質」を表現しています。
　分子記号 H_2O の水は、人間を含めたほとんどの生物にとってなくてはならないものであるとか、沸騰すると水蒸気（気体）になり冷やすと氷（固体）になるとか、それらは「水の質」です。

　リンゴの質と水の質はまったく異なるものなので比べようがないのですが、量については、地球の引力（重力）に注目すれば、共通する「重さ」で認識できます。

　質がまったく異なるリンゴと水ですが、軽重によってならば、比較できるようになるわけです。

　一般的な関係において「量の変化が質の変化をもたらす（量の質への転換）」という法則が成り立ちます。水に

熱を加えていき摂氏100℃を超えると液体を保てなくなって水蒸気になります。逆に冷やして0℃以下になると氷になります。温度という量の変化が、気体・液体・固体という質の変化をもたらしたわけです。

「量や質とは何か」をもっと深く追究していくには複雑な議論が必要なので哲学書に譲るとして、本書では算数や初等数学的に最低限のことだけ踏まえながら、先へいきましょう。

まずは、「分離量、連続量」と「外延量、内包量」というふたつの分類についてです。

1　分離量と連続量

†ばらばらになる分離量、区切りがない連続量

分離量は理解しやすい量です。「離散量」と言われることもある分離量は、実体のある量のことです。

猫（犬）は何匹か、生徒は何人いるか、リンゴは何個あるかなどが分離量です。猫は1匹1匹が独立しています。頭がふたつで胴体がひとつなどという猫をふつうは考えません。生徒もリンゴもそれぞれが独立していて、ばらばらになるので、分離量です。

分離量には自然に備わった最小の単位の量があります。猫ならば1匹の猫であり、生徒なら1人、リンゴなら1個です。量の大きさを表す「数」だけを抜き取れば、分離量には、1、2、3、4、……という自然数が対応することになります。

　いっぽう連続量とは、ずっとつながった量のことを言います。重さも長さも体積も、時間や空間も連続量です。それだけを取ると、ベターっとつながっているイメージ、区切りがないから連続量です。

　分離量は比較的イメージしやすいのですが、連続量は算数を習うことによってはじめて触れた方がほとんどでしょう。
　1個、2個、1匹、2匹とそれぞれ独立している分離量と異なり、区切りのない連続量には「自然に備わった最小の量」というものが存在しません。
　そのため連続量はグラムやメートルなどの「単位」を定めなければ、量をはかれません。

†連続量を比較する方法

　連続量の大きさについて、人間の発達に合わせて一般的に4段階を経て理解していきます。

すなわち直接比較、間接比較、個別単位、普遍単位の
4段階です。

　筆箱の中にある「鉛筆の本数」は分離量ですが、「鉛筆
の長さ」は、使用頻度によっても異なる連続量です。2
本の鉛筆 ab のどちらが長いかを比べるには、横に並べ
て、
　　$a > b$
と「直接比較」することができます。

　横に並べられないものの長さの比較ならば、別のもの
c を仲立ちさせることで「間接比較」できます。
　　$a > c$ かつ $c > b$ のとき、$a > b$

　単位には「個別単位」と「普遍単位」の2種類がありま
す。
　普遍単位は、たとえば、長さを表すメートル、重さを
表すキログラムなどを言います。いっぽう個別単位とは、
必要に応じて定めた、その場でしか使えないものです。
　つまり、間接比較で、a と b の仲立ちとなった c は、
「個別単位」です。c は、必要に応じてどんなものでもい
いのですが、その状況でしか使えません。
　仮に世界中で、状況に応じた個別単位しか使っていな
かったとしたら、他地域とのコミュニケーションが成り

立ちません。

　そこで「普遍単位」が必要になるわけです。

†連続量には単位が必要

　現在、世界中で最も普及している長さの単位「メートル法」が導入されたのは、18世紀末のフランス革命のときでした。

　フランス革命は、あらゆる古い体制を打破したのですが、それまで各地で別々に使われていた長さの個別単位が不便であるとして、統一した普遍単位が考えられたわけです。

　メートル法は、「地球の北極から赤道までの子午線の弧の長さの、1000万分の1を1mにする」と定めました。

　しかし当時、子午線の長さを正確に測定するのは不可能に近かったため、実際にはフランスのある地点からスペインのある地点まで測定した距離を基にして、北極から赤道までの長さを算出しました。

　こうして定められた「長さ」は、白金90%、イリジウム10%の合金製「メートル原器」に固定されました。発案者の名前から「トレスカの断面」とも呼ばれ、X字形の断面をしています。その両端付近にあるしるしとしるしの間の距離が1mです。

メートル原器は、パリの度量衡万国中央局（現在はセーヴルに移転し国際度量衡局と改称）に保存されています。1875年に「メートル条約」が締結されると、メートル原器の複製が世界中の国に送られました。

　日本のメートル原器は、茨城県つくば市の中央度量衡器検定所（現・産業技術総合研究所）に保管されています。日本が1885年に、メートル条約に加入したとき（翌86年公布）に届けられたものです。日本国メートル原器は、フランスの原器との誤差が0.78マイクロメートル（0.00078 mm）であると言われています。

　物は、どんなに慎重に管理しても傷ついたり変形したりする危険があります。また、物差しを作るのに、いちいちメートル原器のところへ出向くのでは不便で仕方がないわけで、いつでも変わらない物理現象を利用する科学的な方法が模索されました。

　そこで、1960年の国際度量衡総会で採用されたのがクリプトン86原子のスペクトル線の波長を用いたメートルの定義でした。けれど再現性の悪さなどもあり、あまりよいとは言えないものでした。

　現在の1mの定義は、1983年の会議で採用された「光速」と「秒」を基準にしたものです。1メートルとは、真

空中で光が、$\dfrac{1}{299792458}$ 秒に通過する距離と定められて

います。特殊相対性理論の「高速度不変の原理」とセシウム原子時計の発明による正確な「秒」の測定によって可能になった定義です。絶対的な測定への努力は、その後も続けられています。

† 個別単位からみた普遍単位

　それぞれの国や地域、または職業には、歴史的、文化的な個別単位があります。それらは現在も、業界などによって、メインの単位として使われていることが少なくありませんので、知っておくと何かと便利です。

　私たちの日常生活でも耳にする可能性が高い、代表的な個別単位を紹介しましょう。個別単位は時代によって変更・統一されたり、地域によって異なることがありますが、ここであげる単位は現代使われている、一般的なものです。

【長さ】

　　1 分 = 3.03 mm、1 mm = 0.33 分
　　1 寸 = 3.03 cm、1 cm = 0.33 寸
　　1 尺 = 10 寸 = 100 分 = 0.303 m
　　1 丈 = 10 尺 = 3.03 m

1 間 = 6 尺 = 1.81818 m

1 町 = 60 間 = 109.091 m

1 里 = 36 町 = 3.9273 km

1 インチ (in) = 2.54 cm、1 cm = 0.3937 in

1 フィート (ft) = 0.3048 m、1 m = 3.28084 ft

1 ヤード (yd) = 36 in = 3 ft = 0.9144 m

1 マイル (mi) = 1760 yd = 1.60934 km

1 カイリ = 1.8520 km、1 km = 0.539957 カイリ

【面積】

1 平方 ft = 0.0929 ㎡、1 ㎡ = 10.7639 平方 ft

1 アール (a) = 100 ㎡ = 30.25 坪 = 0.0247 ae

1 エーカー (ae) = 40.4686 a = 4046.86 ㎡

1 ヘクタール (ha) = 100 a = 1.00833 = 1 万 ㎡

1 坪 = 1 歩 = 3.30579 ㎡、1 ㎡ = 0.3025 坪

1 畝 = 30 坪 = 99.1736 ㎡ = 0.99174 a

1 反 = 10 畝

1 町 = 10 反 = 0.99174 ha

【重さ】

1 オンス (oz) = 28.3495 g、1 g = 0.03527 oz

1 ポンド (lbf) = 0.45359 kg = 16 oz、1 kg = 2.20462
   lbf

1 斤 = 600 g

1 匁 = 10 分 = 100 厘 = 3.75 g

1 貫 = 1000 匁 = 3.75 kg

1 石（こく）＝ 150 kg（玄米）、136.875 kg（小麦）

【体積】

1L ＝ 10 dL ＝ 1000 ㎤、1 cc ＝ 1 ㎤

1 升（しょう）＝ 10 合（ごう）＝ 100 勺（しゃく）＝ 1.80386 L

1 斗（と）＝ 10 升 ＝ 18.03861 L

1 石 ＝ 10 斗 ＝ 100 升

1 ガロン（gal）＝ 3.785412 L（U. S. fluid gallon）

1 バレル（bbl）＝ 42.0044 gal ＝ 158.987 L（U. S. fluid gallon）

【温度】

カ氏（F）→ セ氏（C）の計算　$C = \dfrac{5}{9}(F-32)$

セ氏（C）→ カ氏（F）の計算　$F = \dfrac{9}{5}C+32$

32℉ ＝ 0℃、90℉ ＝ 32.2℃、100℉ ＝ 37.8℃、212℉ ＝ 100℃

　ちなみに個別単位ではありませんが、パソコンの記憶容量や精密機械の製造ラインでは、日常生活ではまず使うことのない普遍単位を使用します。現代人なら知っておきたい単位ではないでしょうか。

メガ（M）＝ 10^6、1 Mm ＝ 100 万 m ＝ 1000 km

ギガ（G）＝ 10^9、1 Gm＝1000 Mm＝1億m

テラ（T）＝ 10^{12}、1 Tm＝1000 Gm＝1兆m

マイクロ（μ）＝ 10^{-6}、1 μm＝0.000001 m

ナノ（n）＝ 10^{-9}、1 nm＝0.000000001 m

ピコ（p）＝ 10^{-12}、1 pm＝0.000000000001 m

†日本の尺貫法

　日本の尺貫法における里、町、間などは、もともと独立した別の単位で、尺も時代や地域によって異なっていましたが、明治政府によって1尺＝10寸＝100分、10尺＝1丈のように、整数倍に整理されました。メートルに換算した量（長さ）は、先に示した通りです。

　しかし、1921（大正10）年の法改正によって、メートル法以外を取引や証明には使ってはならないと定められました。現在でも「計量法」第8条に明記されています。

　統一された尺という単位は、大工さんや建具師さんが使っていた道具に由来します。L字形の平板な金属製物差しなので「曲尺」ともいいます。

　これに対して、呉服屋さんや和裁師が使う物差しは「鯨尺」です。最初は鯨のひげで作っていたからこう呼ばれます。鯨尺の1尺は約38cmで、これは曲尺の1尺2寸5分にあたります。逆に言えば、曲尺の1尺は鯨尺の8寸です。

†英米のヤードポンド法

　現在、主としてイギリスやアメリカなどの英語圏で使われている単位は「ヤードポンド法」です。世界中で使われているわけではないので、普遍単位とは呼べない個別単位です。

　ポンドは質量（重さ）の単位、長さはヤードです。日本でもゴルフやアメフトなどのスポーツ、あるいは航空分野などでは、ヤードポンド法による表記が一般的です。

　同じ呼び名でも、イギリスとアメリカで、長さが異なっていることもあったのですが、1958年に統一されました（国際フィート。英米だけでなく、カナダ、オーストラリア、ニュージーランド、南アフリカの6か国による国際協定）。

　この長さの個別単位の共通化で、メートル法が使われたのは皮肉なことです。

　ヤードポンド法というのは日本語の表現で、イギリスでは、Imperial unit（帝国単位）と呼びます。帝国単位は、1824年の Weights and Measures Act（度量衡法）によって法的に定義され、以降改正が加えられています。

　イギリスは1995年にメートル法に移行し、2000年からは帝国単位の公的な使用を禁止しているにもかかわらず、日常生活では、まだ帝国単位が一般的です。

同様に、1875 年にメートル条約を締結したアメリカ
も、それ以降、法律上はメートル法を公式の単位として
いるにもかかわらず、今でもヤードポンド法が広く使用
されています。

　ヤードポンド法でよく耳にする長さの単位（インチ
in・フィート ft・ヤード yd・マイル mi）についてはすで
に見ましたが、ほかの単位も見ておきましょう。

　　　1 バーリーコーン = 1/3 in = 8.467 mm
　　　1 ポール、ロッド = 198 in = 16.5 ft = 5.0292 m（英国）
　　　1 チェーン = 66 ft = 22 yd = 20.1168 m
　　　1 ハロン = 220 yd = 0.125 mi = 201.168 m
　　　1 リーグ = 3 mi = 4.828032 km

　ちなみに、1 エーカー（1 ac = 4046.86 m²）という広さ
は、1 チェーン×1 ハロンの面積のことです。

† 数字のカンマ

　現在世界で使われている数字は、0、1、2、3、4、5、
6、7、8、9 という 10 個を使って、大小すべての数を表す
ことができます。日本ではこれを「算用数字」といいま
す。もともと数字は言語ごとに作られており、現在でも
世界中にはいろいろな表記がありますが、算用数字は、
世界共通で使われる普遍的なものです。

ところで、単位の話ではありませんが、公文書などでは大きな数字を表現する際に、3桁ごとにカンマ（,）を打つことが決まりになっています。このカンマは、実は英語に対応しています。

　　1,000 ＝ 1000 ＝ one thousand

　　1,000,000 ＝ 100万 ＝ one million

　　1,000,000,000 ＝ 10億 ＝ one billion

　　1,000,000,000,000 ＝ 1兆 ＝ one trillion

　英語で考えるならば便利なカンマの区切りですが、残念ながら、日本語の単位「万、億、兆」に対応するものではありません。

2　外延量と内包量

†広がりを示す外延量、性質を示す内包量

　外延量と内包量は、分離量（ばらばらになる量）と連続量（区切りのない量）とは視点が異なる分類です。

　「外延量」とは、空間的または時間的に一定の範囲に存在する量のことをさします。たとえば棒の長さ1mは「長さの外延量」ですし、区画単位で売り出されたニュータウンの分譲地の面積や、一般的な会社員の収入も外延量です。

「内包量」は、空間や時間のある一点において存在し、性質を表す量です。東海道新幹線「のぞみ」が熱海駅ホームを通り過ぎていくときの「速度」は、目の前を走る一瞬だけに存在している量なので内包量です。味噌汁の濃さ（濃度）は、鍋からごく少量（空間内の一点）だけすくえば味がわかる内包量です。

　内包量が何を表しているか理解することが、算数の第一関門でしょう。

↑内包量はわかりにくい？

　外延量は比較的イメージしやすい数です。1mの棒に別の1mの棒を接木すれば2mの棒になります。ニュータウンの分譲地50㎡と50㎡を2軒分あわせれば100㎡の土地になりますし、共働き家庭の総収入は、夫の収入と妻の収入の和です。

　つまり、外延量には加法性があります。

　いっぽう、性質を表す内包量は、単純には足し算できません。

　時速100kmのファミリーカーと200kmのスポーツカーを物理的に結合しても、時速300kmで走れません。塩辛い味噌汁に薄い味噌汁を加えると、いっそうしょっぱくなるかと言えばそんなことはなく、むしろちょうどいい塩梅で美味しくなるでしょう。

速度という内包量は、時間と距離に関連します。味噌汁のしょっぱさ（塩辛さ）は、湯量と味噌量によって決まります。

　つまり性質を表す内包量は、外延量と異なり、単純には足し算できないことを理解できているかどうかは、算数理解のバロメーターになります。

3　集合の考え方

　ここまで数とは量を表すものであることと、「分離量、連続量」「外延量、内包量」という分類を概観してきました。

　「ばらばらになる分離量」と「区切りがない連続量」について、連続量には単位が必要なことを確認しました。「広がりを持つ外延量」と「性質を表す内包量」では、内包量は単純に足し算できないことを見ました。

†重なりを考える

　ここまでの話では、数と、実際のものの量が対応していましたが、ここからはそうとは限りません。

　たとえば、こんな問題があります。

　ある会社は100人の従業員がいます。通勤にバスを使う人は30人、電車を使う人は80人います。徒歩でくる人は5人です。自宅から会社まで、電車だけに乗る人、

バスだけに乗る人、電車とバスの両方に乗る人は、それぞれ何人でしょうか?

　いわゆる、重なりの問題です。先に答えを書けば、電車だけに乗る人は 65 人、バスだけに乗る人は 15 人、電車とバスの両方に乗る人は 15 人です。考え方は、こうです。

　　100（全従業員）−5（徒歩）

　　＝ 95（電車かバスか、または両方を使う人）

　　95−30（バスを使う人）

　　＝ 65（電車だけを使う人）

　　80（電車を使う人）−65（電車だけを使う人）

　　＝ 15（バスと電車を使う人）

となるので、通勤に電車とバスの両方を使う人は 15 人です。

　ここでは「バスを使う人」の数から「電車だけを使う人」の数を導きましたが、「電車を使う人」の数から「バスだけを使う人」の数を考えても、もちろん答えは同じです。

　　95−80（電車を使う人数）

　　＝ 15（バスだけを使う人数）

　　30（バスを使う人数）−15（バスだけを使う人数）

　　＝ 15（バスと電車を使う人数）

こうした問題のポイントは、「バスを使う人」と「電車を使う人」の中に、「バスにも電車にも乗る人」がいることです。「重なっている人」がいることを理解できるかどうかです。

　複数のグループ同士の関係を理解するためによく使われるのが、「ベン図」です。19世紀から20世紀初頭のイギリスの数学者ジョン・ベンが考えた図です。

　それぞれの集合を、「円」で表すことで、相関関係が一目瞭然になります。

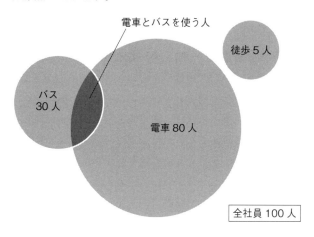

電車とバスを使う人

徒歩5人

バス
30人

電車80人

全社員100人

†算数発想のグループ概念

　数学用語の「集合（Set）」は、一般用語では「一定の性質を持つものをまとめて集めたもの」という意味です。数を認識するためには、まず量の認識から入るのですが、「同じ種類を集合としてまとめる」ことができなくてはなりません。

　同じ種類をまとめるという思考は相対的な思考です。
　いま仮に、「猫の集団＝犬の集団」と、等値したとします。
　この式が表すのは、猫と犬の集団の重さが同じか、または、猫と犬が同じ頭数いるということでしょう。
　後者の「頭数が同じ」という式だとして、猫がどれだけいるかを考察するには、猫を猫としてグループにまとめなければなりません。ただ、「猫」と言っても、種類はたくさんあり、大きさも毛の色もさまざまです。犬みたいな猫もいるでしょう。たいていの人はそれらの違いを乗り越えて、猫として認識できます。これは人間に備わった素晴らしい能力です。カラスも人の顔を見分けることができるという話がありますが、人間の能力にはとても及びません。
　「猫の集団＝犬の集団」という式では、その好き嫌い、色や大きさの違いは無関係です。この式は、猫がどれだ

けたくさんいるか（相対的数形態）を、犬がどれだけたくさんいるか（等価形態）で表しているわけです。

このような形態から、「集合数」の概念が形成されていきます。

「猫の集団＝犬の集団」という式で、犬の集団（頭数）は、猫の集団（頭数）を表すためだけの役割しか果たしていませんが、猫と犬は逆に置き換えることもできます。じつはここに、「数とは何か？」という問いに迫る答えがあります。

数とは、それがどれだけたくさんあるかを表す抽象概念なのです。つまり、「集団の多さ」に他なりません。
集団の多さということは、4匹のアリと4頭のゾウを、「4」に注目することで、「4匹のアリ＝4頭のゾウ」と、イコールで結ぶことも可能になるのです。
専門的なことばを使えば、相対的数形態と等価形態はいつでも逆転できるということです。

† 集合数と順序数

3、4歳児の親には、ときどき「うちの子は数がわかる」と言って、子どもに「いち、に、さん、し、ご、ろく、しち、はち、く、じゅう」と唱えさせる人がいます。そのような子どもに「お皿にはリンゴがいくつ載っている

かな？」と聞いてみても、答えられないことがよくあります。

　これは、順番に数を唱えることと、集合数を理解することが直結していない証明になります。数字を順番に数えられたからといって、集合数が理解できたわけではありません。

　猫の集団＝犬の集団＝子どもの集団＝リンゴの数＝アリの数＝ゾウの数＝……など、集団の多さを表す「集合数」に対して、順序数は文字通り、「順序を表す数」です。
　順序数は、100メートル走で、一番先にテープを切った人が「1番目」であり、次に到着した人が「2番目」、その次に来た人が「3番目」というものです。
　順序数によって、一列に並んでいる集団の後ろから3番目の人という具合に特定できます。その3番目の人から右に5番目の人、という具合に、さらにずらしていくことも可能です。

4　小さな量の表現としての小数と分数

†分数とは割り算のこと

　猫の最小単位は1匹、人間なら1人というように、分離量の最小の単位は1です。具体的な量をさす分離量の

割り算の答えは自然数しかありえず、わり切れなければ余りになります。

　しかし、重さや長さや体積などの「連続量」には、1より小さい数字があります。

　長さ 50 cm とは 0.5 m のことですし、土地 1 坪は 3.30579 ㎡（約 3.3 ㎡）です。ペットボトルのドリンクは、以前は 1 L や 500 cc と切りのいい数字でしたが、1.5 L や 750 cc（0.75 L）などの商品も登場しました。1 か月でダイエット 5.5 kg に成功したけれど、翌月には 6.8 kg リバウンドしたので、トータルでは 1.3 kg 増えた……などのように、1 より小さい数の表現は、身近にいくらでもあります。

　分数も、日常生活でよく使います。

　1 L の水を 2 つにわけた 0.5 L は $\frac{1}{2}$ L。$\frac{3}{2}$ L の水と言えば 1$\frac{1}{2}$ L、0.25 L の水なら、1 L を 4 等分した量なので、$\frac{1}{4}$ L。

　つまり分数とは、割り算にほかなりません。

†約分と通分

　分数は、小数と違って十進構造の延長線上にある数ではありません。

　そもそも分数は割り算なので、整数や小数と異なり、さまざまな表現形態を持つことができます。具体的な量をさす分数は、元にする量によってぜんぜん違う数になるのです。

　そのため、分数で小数を表すことはできますが、必ずしも小数で分数を表せるわけではありません。

　たとえば、クラスの生徒を $\frac{1}{5}$ ずつにわけて 5 つの班を作りたいとします。25 人学級なら $\frac{25}{5}$ で 5 人ずつのグループになりますが、35 人学級ならば $\frac{35}{5}$ なので 7 人ずつのグループになります。同じ「$\frac{1}{5}$」といっても、5 人と 7 人では大違いです。

　分数は、$\frac{3}{4} = \frac{6}{8} = \frac{9}{12} = \cdots\cdots$ なので、

$$\frac{a}{b} = \frac{an}{bn}$$

が成り立ちます。

　分子と分母を同じ数（n）でわって分数をシンプルにする計算が「約分」、反対に、分数の加除の計算で分母をそろえるために、同じ数（n）を分子と分母にかけるのが「通分」です。

第2章

掛け算と割り算

1 掛け算と割り算の意味

† 掛け算の順番に意味があるか？

「6人の子どもに、1人4個ずつみかんを与えたい。み
かんはいくつあればよいでしょうか？」という問題につ
いて、6×4＝24と解答した小学生の子どもが、「答えの
24個はマルだったが、式の6×4にはペケがつけられ4
×6となおされていた」という記事が掲載されたのは
1972年1月26日の朝日新聞朝刊でした。

　納得できない親は、「6×4」の論拠をまとめ、学校だけ
でなく、大阪府教育委員会や当時の文部省にも提出した
そうです。

　この「掛け算の順序論争」は、およそ半世紀後の現在
でも、インターネットなどでたびたび議論になります。
ちなみに、その前日25日夕刊の一面は、元日本陸軍の横
井庄一軍曹がグアム島の密林で生存していたことがわか
ったというニュースに、「奇跡の元日本兵」の話題で日本
中がわき立ったという時代です。

　私の意見では、掛け算の順番が論争になるなど不毛な
ことだと思います。

たしかに小学校算数の教科書で、掛け算は量の問題として導入されます。

　　1当たりの量×いくつ分 ＝ 全体量

と教わりますから、

　　4個のみかん×6人分 ＝ 24個のみかんが必要

というのは教科書に沿った考え方です。

　でも、それならば「1人につき、みかんを4個ずつ、6人に与えるにはいくつあればよいか？」と聞けばよく、「6人の子ども」を先に出すのは「計算式を逆に書かせるため」にわざと作ったひっかけ問題だと言っても過言ではないでしょう。

　実際この小学生も、「文章題のなかで6という数字が先にでているから」と担任に言ったそうです。

✝掛け算の構造

　たとえば次の問題を解いてみることにしましょう。

　「どのお皿にも同じ個数のリンゴがのっています。花子さんは2皿、太郎さんは3皿持っていて、リンゴは全部で15個ありました。1皿には何個のリンゴがのっているでしょうか？」

　中学生になると代数式を習います。

　1皿当たりのリンゴの個数を x とすれば、2皿持っている花子さんのリンゴの個数は $2x$、太郎さんの個数は

$3x$ となり、次の式が成り立ちます。

$$2x+3x = 15$$
$$5x = 15$$
$$x = 3$$

　この代数式の $2x$ や $3x$ とは、「お皿の枚数」×「リンゴの個数」の順序です。掛け算は順序通り計算しなければいけないなどという迷信を、小学生だけに強制するのはおかしなことです。

　しかし、この迷信がそれなりに説得力を持ってしまうのには、掛け算が「量の問題」として導入されることに原因があるのかもしれません。

　量の掛け算は、「同じ大きさ（量）がいくつあるか」を聞くことがほとんどです。

　「4 という量が 6 つ分なので、24 という全体量になる」

　これだけを見れば、先述の掛け算の順序（「1 当たりの量」×「いくつ分」＝「全体量」だから正解は 4×6 だ）へのこだわりも意義があるように感じられますが、中学や高校の数学では 6×4＝24 としなくてはいけない場合も多くあります。

　先ほどの代数 x を使った計算のように、4×x は、$4x$ で、$x4$ とは書きません。

　数学の世界では、掛け算には「交換法則」が成り立つので、順序は関係ないのです。掛け算の答えの求め方は

自由でよく、むしろ大事なのは掛け算の意味です。

† 掛け算の意味

　掛け算を「足し算の繰り返しである」と考えている方は少なくないようです。「掛け算の順番問題」の記事も、$4×6$ という掛け算を、$4＋4＋4＋4＋4＋4$ と「累加」で理解させようとしていた、と書かれています。

　しかし、掛け算を累加だけで認識してしまうと、あとで困ることになります。次のような子どもの質問の答えに窮することになるでしょう。

　「$4×0.5$ とか $4×\dfrac{1}{2}$ は掛け算なのに、何で量が小さくなるの？」

　「4 に 0 をかけると、なぜ答えが 0 になるの？　4 を 0 回足しても 4 じゃないか」

　このような素朴な疑問に応えて、納得させることが難しいのです（なおその答え方は、本書をもう少し読み進めていただければわかります）。

　掛け算は、独自の新しい演算として考える必要があります。

　もちろん、小学 2 年生に、はじめて掛け算を教える際には、具体的なものを示しながら「量の問題」として導入するのがわかりやすいのですが、具体物が何であるか

にとらわれないことを意識する必要があります。

　具体物は何であろうと、計算式は同じなのです。

　リンゴでなくてもよくて、「2匹ずつの猫（あるいは犬）を入れたケージが4つあるお店には、猫（あるいは犬）が何匹いますか？」でもいいでしょう。

　要は、大きさの側面だけを取り出して、数で表すのが、掛け算なのです。

　掛け算を教えるには、まず「1当たりの量」をいくつにも設定できる「皿の上のリンゴの数」より、たとえば三輪車（車輪3個）のように、1当たりの数が自動的に決まるもののほうが望ましいでしょう。

　「三輪車は1台当たり3個の車輪（3個／台×1台）がついています。三輪車3台では、車輪は何個あるでしょうか？」（3個／台×3台＝9個）

　これが、1台当たり車輪が4個ついている自動車ならば、（4個／台×1台＝4個）なので、2台なら8個、3台なら12個と4ずつ増えていきます。

✝タイルの利用で掛け算の理解アップ

　掛け算の導入段階の子どもにはタイルを用いると「大きさの側面だけを取り出して、数で表す」という意味を理解させやすくなります。

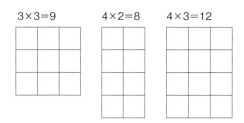

3×3＝9　　　　4×2＝8　　　　4×3＝12

　タイルを用いれば、3個入りのお菓子3箱でも、4人乗りのボート2艘（そう）でも、定員4人の観覧車3台でも、8本足のタコでも、ゴルフクラブが9本入ったゴルフバッグでも、タイルで抽象化することで、その数で視覚化できます。

†9×9の裏技

　1位数と1位数の掛け算は全部で9×9＝81あります。みなさんも小学2年生のとき1×1から9×9まで暗唱させられたことでしょう。当時、9×9の表の暗記にたいへん苦労した方もいるかもしれません。9×9すべて暗唱しないと湯ぶねから出てはいけないと言われて、お風呂場でのぼせてしまったという経験があるのではないでしょうか。

　掛け算は交換法則が成り立つことを意識してください。つまり、7×8＝56がわかれば、8×7＝56もわかっていると考えられるので、順序通り暗唱できるようになるために長い時間をかける必要はないのです。

一般的に「小さい数×大きい数」のほうが覚えやすい
でしょう。また1の段も省いてしまえば、81個ではなく
36個だけ覚えれば足りてしまいます。

2×2、2×3、2×4、2×5、2×6、2×7、2×8、2×9、

3×3、3×4、3×5、3×6、3×7、3×8、3×9、

4×4、4×5、4×6、4×7、4×8、4×9、

5×5、5×6、5×7、5×8、5×9

6×6、6×7、6×8、6×9

7×7、7×8、7×9

8×8、8×9

9×9

　こんな方法で9×9をすべて覚えられるものか、とい
ぶかる人もいるでしょうが、実践している全国の先生に
よって、これが優れた方法であることはわかっていま
す。
　この掛け算暗記は順番に暗唱するだけでなく、たとえ
ば次のように、ランダムにならべて覚えることで、早く
確実な計算力が身につきます。

2×4 = 8	3×5 = 15	4×6 = 24	5×7 = 35
6×8 = 48	7×9 = 63	2×3 = 6	2×8 = 16
3×3 = 9	4×4 = 16	5×8 = 40	6×7 = 42
8×8 = 64	9×9 = 81	2×2 = 4	2×5 = 10

3×4 = 12	4×5 = 20	5×5 = 25	6×6 = 36
7×7 = 49	8×9 = 72	2×6 = 12	2×9 = 18
3×7 = 21	3×8 = 24	3×9 = 27	5×9 = 45
6×9 = 54	2×7 = 14	4×9 = 36	4×8 = 32
3×6 = 18	7×8 = 56	5×6 = 30	4×7 = 28

「小さい数×大きい数」が覚えやすいと書きましたが、人によっては、6×7＝42 より 7×6＝42 の方が言いやすいよという場合もあります。ランダムな掛け算の表は、臨機応変に作りかえてもいいでしょう。

2×4	3×5	4×6	5×7
6×8	7×9	2×3	2×8
3×3	4×4	5×8	6×7
8×8	9×9	2×2	2×5
3×4	4×5	5×5	6×6
7×7	8×9	2×6	2×9
3×7	3×8	3×9	5×9
6×9	2×7	4×9	4×8
3×6	7×8	5×6	4×7

　ランダムな掛け算表は、毎回同じ順番で暗唱するのではなく、縦から横から、下へ上へ、左右ジグザグに……など、いろいろな順番で練習するようにします。
　こうした練習は、たとえばゲーム形式にすれば、子ど

もたちは楽しく自主的に練習できます。掛け算の問題と答えをそれぞれカードに書いて、百人一首やカルタ取りのように遊びながら覚えるのも効果的でしょう。

†筆算を早めに取り入れる

　掛け算を覚えたばかりの子どものなかには、8×9＝72にいきつくまで、「はちいちがはち、はちにじゅうろく……はっくしちじゅうに」と、8の段をすべて唱えないと答えに行き着けない子どももいます。

　しかし、この方法でランダムに覚えた子どもなら、そんな心配はありません。

　小学校の授業では、相変わらず順番通り、9×9の表を暗唱しなくてはいけないでしょう。

　しかし、ランダムに掛け算を覚えた子は、学校の授業が格好の練習の場になります。8×7を頭の中で7×8に置き換えるなど、状況に応じた対応ができるようになり、計算が速くなるのです。

　さらにこの考え方は、子どもの素朴な疑問の答えにもなっています。

　「4×0.5とか4×$\frac{1}{2}$は掛け算なのに、何で量が小さくなるの？」「4に0をかけると、なぜ答えが0になるの？4を0回たしても4じゃないか」

これらは、掛け算の交換法則で説明できます。

$4×0.5＝0.5×4$ であり、$4×0＝0×4$ です。「計算の順序を逆にしたらどう?」で、素朴な疑問は解決です。それ以上の説明は不要なのではないでしょうか。

掛け算の計算練習にはもうひとつのコツがあります。それは、できるだけ早い段階から「筆算」の練習をはじめることです。1位数同士の掛け算であっても、縦書きで表す練習をしておきます。

$$
\begin{array}{r} 2 \\ \times\ 2 \\ \hline 4 \end{array}
\qquad
\begin{array}{r} 5 \\ \times\ 7 \\ \hline 35 \end{array}
\qquad
\begin{array}{r} 8 \\ \times\ 9 \\ \hline 72 \end{array}
$$

通常、掛け算の筆算は、桁数が増える3年生で習います。しかし、1位数の段階から縦書き計算の練習をすることで、位ごとにかけること、桁数が増えても位を合わせること(位取り)を、あらかじめ意識させるわけです。

†割り算の意味

たとえば、$10÷2＝5$ という問題を見た時、

「$÷2$ とは2つにわけることだから、答えは10の半分の5だ」と考える人は、少なくありません。

$1÷10＝0.1$ もきっと同様に考えています。

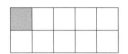

　しかし、量の割り算を「いくつにわけるか」とだけでしか理解していないと、じつは、その意味を半分しかわかっていないことになります。

　たとえば、子どもに、こんなふうに質問されて、うまく説明できるでしょうか？

　　　10÷0.2 ＝ 50

「10 個を 0.2 個でわけるって何？」

　量の割り算には、いくつにわけるかという以外に、もうひとつの考え方があります。それは、「10÷2 とは、10 の中にいくつ 2 があるか？」ということです。タイルで示すと次のようになります。

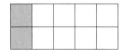

　つまり、「10÷0.2 とは、10 の中に 0.2 がいくつあるか？」という意味です。

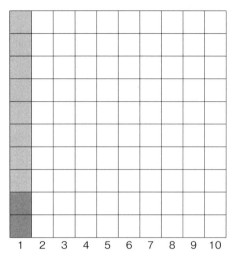

縦1列を1とすると、それを10個にわけた1
つが0.1。その2個分が0.2

† 割り算は、掛け算の逆

　以上、量の割り算のふたつの意味を見ました。

　数学的に言えば、割り算とは、掛け算の逆だと考えて
差し支えありません。つまり、割り算は、「何をかけれ
ばいいか?」を聞いているということです。

　「みかんを3個買ったら、240円でした。みかん1個は
いくらでしょうか」

　この問題は、「?」×3＝240の「?」を聞いているの

で、240÷3＝80 と同じです。この意味で、割り算は掛け算の逆であると言えるのです。

$$(3×「？」)÷3 = 240÷3$$
$$「？」= 80$$

†消去算の考え方

中学入試などで頻出する「消去算」という問題があります。

「みかん3個とリンゴ5個を買うと740円でした。みかん3個とリンゴ9個買うと1140円でした。みかんとリンゴはそれぞれいくらでしょうか？」

このタイプの問題の解き方は、小学校3年生で習います。

方程式ならば、みかんを x、リンゴを y として、加減法を用います。

$$3x+9y = 1140$$
$$-\ 3x+5y = 740$$
$$4y = 400$$
$$y = 100$$

小学生は方程式を習っていませんが、考え方は同じです。みかんかリンゴのどちらかを消去して、もういっぽうの数量を求めます。

上記の問題では、どちらもみかんが3個であることに

注目すると、値段の差はリンゴの差です。そこでまずは
リンゴの値段を導きます。

$$みかん3 + リンゴ9 = 1140$$
$$- \quad みかん3 + リンゴ5 = 740$$
$$\overline{\qquad\qquad\qquad リンゴ4 = 400}$$

なので、

$$400 \div 4 = 100(リンゴ1個の値段)$$
$$「みかん3」+ 5 \times 100 = 740$$
$$「みかん3」\qquad\quad = 740 - 500 = 240$$
$$240 \div 3 = 80(みかん1個の値段)$$

　「みかん6個とリンゴ5個を買うと980円でした。み
かん3個とリンゴ9個買うと1140円でした。みかんと
リンゴはそれぞれいくらでしょうか？」

　今度はみかんの量もリンゴの量と同様に、数が異なっ
ています。ですが、加減法で解く方程式と考え方は同じ
で、みかんかリンゴを消去すればいいだけです。

$$2 \times (みかん3 + リンゴ9) = 2 \times 1140$$
$$みかん6 + リンゴ18 = 2280 円$$

$$みかん6 + リンゴ18 = 2280$$
$$- \quad みかん6 + リンゴ5 \ = 980$$
$$\overline{\qquad\qquad\quad リンゴ13 = 1300}$$
$$1300 \div 13 = 100(リンゴ1個の値段)$$

ここでは、みかんの数を2倍にして数をそろえました。この際に、リンゴの個数や合計金額といった、同じ式全体を2倍にすることを忘れてはいけません。

†鶴亀算の考え方

　有名な「鶴亀算」という問題があります。
　「鶴と亀が、合わせて5匹います。足の数は、合わせて16あります。さて、鶴は何羽、亀は何匹いるでしょうか？」

　小学生に教えるなら、普通は次のように説明します。
　「全部が亀だと思ってください。すると足の数は4×5匹＝20で、20あるはずです。ところが足は16しかなく、4多すぎます。
　これは鶴の足を亀の足として数えたためです。鶴の足は2本ですから、4÷2＝2で、鶴は2羽いることがわかります。
　鶴亀合わせて5匹なので、2羽の鶴（足は2羽×2＝4）と、3匹の亀（足は3匹×4＝12）が正解になります」

　「全部が亀だと思ってください」というところが小学生には難しいところです。
　連立方程式ならば、比較的簡単に解けます。

鶴を x 羽とし、亀を y 匹とします。すると次の式が成り立ちます。

$$x+y = 5\cdots\cdots①$$

$$2x+4y = 16\cdots\cdots②$$

この方程式の y をそろえる消去算で解きます。

$$4\times(x+y) = 4\times5$$

$$4x+4y = 20\cdots\cdots①'$$

$$2x+4y = 16\cdots\cdots②$$

$$①'-②$$

$$2x = 4$$

$$x = 2$$

$$y = 5-2 = 3$$

$$x = 2 \qquad y = 3$$

「全部が亀だと思ってください。すると足の数は 4×5 匹＝20 で、20 あるはずです」という説明に対応するのが、①′の式です。小学校で習う考え方と、方程式の式変形とは無関係ではありません。

2　小数の掛け算と割り算

†小数の掛け算

　一般的な小学校の教科書には、整数かける小数の計算は、直接小数をかけない、と書かれています。

小数は、いったん整数に変換してから、整数の掛け算を実行し、小数点の位置は後から考えて、小数点をつけるという方法を採用しています。

　しかしこの方法には、欠点が多いと感じています。

①掛け算は整数同士しかできないという誤解を生む

②整数に小数をかければ、小数になることが理解できない

③とにかく答えを求めるという、問題の意味を無視した機械的な計算技術になってしまう

　などの弊害です。

　小数の加減の問題では「位をそろえよ」と強調しておきながら、掛け算になると「まずは、位は無視して計算して、後で位をそろえよ」となるのは、合理的ではありません。

　0.1×0.1 の計算をタイルで示しましょう。

　大きな正方形が 1 を表し、それを縦に 10 等分した縦の帯が 0.1 を表しています。さらにそれを横に 10 等分した左下の小さな正方形が、0.01 です。

　これが、縦の長さ 0.1、横の長さ 0.1 の掛け算で得られた正方形の面積となります。式で表すと次の掛け算が成り立ちます。

　　0.1×0.1 ＝ 0.01

　つまり、小数第 1 位と小数第 1 位をかけると、小数第 2 位になることが、小学生にもわかります。同じように

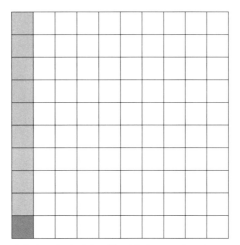

全体を1とすると、縦1列が0.1。その中の1
マスは0.01になる

小数の掛け算を調べさせると、次のような法則に気づか
せることができるでしょう。

・0.1×0.1＝0.01

（小数第1位と小数第1位の掛け算で、答えは小数第2位に
　なる）

・0.01×0.01＝0.0001

（小数第2位と小数第2位で小数第4位）

・0.1×0.01＝0.001

（小数第1位と小数第2位で小数第3位）

・0.01×0.001＝0.00001

（小数第2位と小数第3位で小数第5位）

以上の結果から、小数第 x 位と小数第 y 位の掛け算は、少数第（$x+y$）位になることがわかります。

　この規則から、小数の掛け算では、答えが小数第何位になるかを定めてから計算するのがいいのです。
　「1 L 当たり 4.38 g の液体が、2.471 L あると、重さは何 g か」という量の問題を筆算してみましょう。

$$
\begin{array}{r}
4.38 \\
\times\ 2.471 \\
\hline
0.00438 \\
0.3066 \\
1.752 \\
+\ 8.76 \\
\hline
10.82298
\end{array}
$$

　$4.38 \times 2 = 8.76$、$4.38 \times 0.4 = 1.752$、$4.38 \times 0.07 = 0.3066$、$4.38 \times 0.001 = 0.00438$ と、各位ごとに 4 つに分解して掛け算して、それぞれを足しているのと同じことです。

↑小数の商の「余り」

　3.8 L の液体を、2 人でわけるとします。計算式も書きなさい。
　小数であっても、それを整数でわるなら、原理的には、整数を整数でわる場合と違いはありません。

```
      1.9
2 ) 3.8
      2
    ─────
      1.8
      1.8
    ─────
        0
```

では「小数でわる」割り算はどうでしょうか。

やや複雑になりますが、基本形から導入すれば大丈夫でしょう。基本は、0.6÷0.2 です。

教科書の方法では「わる数とわられる数を、ともに10倍しても商は同じ」なので、整数に変換してから割り算するという計算方法です。

```
          3                    3
0.2. ) 0.6.        →    2 ) 6
        0.6                  6
      ─────                ─────
          0                    0
```

望ましい方法は割り算の筆算は「小数点の位置を変更しない、位取りの原理を崩さない」方法と言えます。

```
        3
0.2 ) 0.6
      0.6
    ─────
        0
```

次に、0.75÷0.2＝3.7…0.01 という式について考えてみ

ましょう。

　こうした問題では、どの位で割り算の計算をやめて、「余り」を出すかということが重要になります。余りの0.01もさらに細かくわっていけるので、0.75÷0.2＝3.75という解答もありえるからです。

　こういう場合、ふつうは問題文に「小数第何位まで求めなさい」と指示されますが、小学校の教科書には、その指定さえないものがあります。

　教員は「余りが出たら、小数点の位置は被除数の小数点の位置に合わせる」と教えるように、指導されているはずです。

　余りの小数点の位置を「被除数の小数点の位置に合わせる」というのは、「75÷20＝3.7…0.1の余りである0.1は、もともとのわられる数0.75の小数点に合わせて、0.01とする」ということです。

　たしかに、数学的には、被除数の小数点の位（この場合、小数第1位）まで計算して、そこで余りを確定するのが決まりです。

　しかし計算を終えて、余りのときになってから「小数点は何だっけ？」と考えるのでは、うっかりミスをわざと誘っているようにしか思えません。小学生が混乱して計算ミスをしてしまうのは無理からぬことでしょう。

算数の教科書がこうなっている理由は、皆目わかりません。理屈などどうでもよい。答えが出ればいいというのなら、電卓機能の使い方を指導したほうがいいということになってしまいます。

　筆算によって、最初から位取りに注意を払っていれば、混乱を誘うような説明は、そもそも不要なのです。

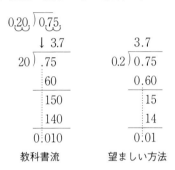

教科書流　　　　望ましい方法

3　分数の計算

†分数の掛け算の構造

　まず、「$\frac{2}{3} \times \frac{4}{5} = ?$」で分数と分数の掛け算の構造を調べてみましょう。まず $\frac{2}{3}$ をタイルで示します。

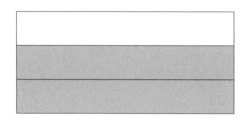

この $\frac{2}{3}$ の $\frac{4}{5}$ 倍ですから、5でわった4個分を求める

ことになります。タイルで示しましょう。

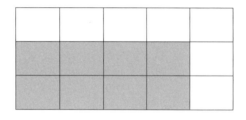

タイルをご覧いただけば一目瞭然のように、$\frac{2}{3} \times \frac{4}{5}$

は、全体の $\frac{8}{15}$ です。

これで分数の掛け算は、分母同士、分子同士をかけた

数 $\left(\frac{a}{b} \times \frac{c}{d} = \frac{ac}{bd} \right)$ であることが可視化できました。

✝分数の割り算の構造

　分数の割り算は、小学校6年生で習います。その計算方法「分母と分子を逆にしてかけること」は覚えていても、なぜそうするかを忘れてしまっている方は少なくないでしょう。

　本書ではこれまで、第1章の最後に「分数とは割り算にほかなりません」と書きました。この第2章では「割り算は、掛け算の逆」といいました。

　分数の掛け算と割り算の関係を式に表せば、

$$A \times \frac{a}{b} = A \div \frac{b}{a}$$

ということです。これを量の問題として確認するには、たとえば紙テープを使うと便利です。

　「100 cm の紙テープの $\frac{3}{2}$ 倍は何 cm でしょうか？」

紙テープ $\frac{1}{2}$　50 cm	紙テープ $\frac{2}{2}$　100 cm	紙テープ $\frac{3}{2}$　150 cm

　これは 100 cm の $\frac{1}{2}$ が3つ分の量です。分数倍では、

分母でわって分子をかける計算になります。反対に、$\frac{3}{2}$

倍する前の量を聞く問題なら、割り算です。

「テープを $\frac{3}{2}$ 倍したら 150 cm になりました。元の紙テープの長さは何 cm でしょうか?」

紙テープ $\frac{1}{3}$ 50 cm	紙テープ $\frac{2}{3}$ 100 cm	紙テープ $\frac{3}{3}$ 150 cm

$\frac{3}{2}$ でわることは、3 つにわけたうちの 2 つの量を求める計算になります。これは、まとめて考えれば分数をひっくり返してかけたということなのです。

† 分数は「整数の除法の結果」ではない!

ところで、分数の意味を解説している世の中の本に共通する間違いがあります。それは分数が、「整数の除法の結果」という説明です。

一例を紹介するなら、文部科学省「学習指導要領解説」の第 4 学年の解説に次のような記述がありました。

「分数の意味は、その観点の置き方によって様々なとらえかたができる」といって、$\frac{2}{3}$ を例にいくつか例示しているのですが、その 5 番目の「整数の除法「2÷3」の結果(商)を表す」というものです。

これは数学的には、まったく間違った記述です。

整数の範囲での除法は、「商と余り」を求める計算にほかなりません。$2 \div 3 = \dfrac{2}{3}$ と表すのは、「整数の除法」ではないのです。

　分数が除法の結果（商）であるなどと認めると、おかしなことが起こってきます。

　$11 \div 3$ は、商が 3 で余りが 2 であり、$22 \div 6$ は、商が 3 で余りが 4 となります。余りが異なるので、異なった割り算です。

　しかし、分数で表すと、$\dfrac{11}{3} = \dfrac{22}{6}$ が成り立っています。

　本書でも、割り算と分数は関係があることを説明していますが、それは、連続量を何等分するという場合です。整数だけに対応する分離量の割り算ではないのです。

　小学校で学ぶ小数や分数でわる計算は、決して整数の割り算ではないので、混乱してはいけません。教師や保護者も、よほどしっかり自分の頭で考えないとだまされてしまうので注意してほしいところです。

　なお、数学的な整数の除法は、次の原理にもとづく定理（除法の原理）によります。

　「a を任意の整数とする。$b > 0$ も整数とする。このと

き、次の式が成り立つ整数 q と r が、ただ 1 組存在する。 $a=qb+r$ $0 \leqq r<b$ 」

†分数の加法と減法

　分数の足し算、引き算は、「通分」や「約分」が必要な場合が多くあります。本来、小学校でも分数の足し算、引き算は分数の掛け算、割り算を知った後に学ぶほうが、理解が早いのですが……。

　第 2 章は掛け算と割り算がテーマですが、上の理由で、分数の加減をここで述べます。

　通分や約分は、分数が、整数や小数と異なり、さまざまな表現形態を持つことから可能になります。

$$\frac{1}{6}+\frac{1}{8} = \text{?}$$

$$\frac{1}{6}-\frac{1}{8} = \text{?}$$

　上の計算は、どちらも通分しないと計算できません。通分とは、公倍数で分母をそろえることですが、分数の表現が変わっても元の分数と同じになるよう、分子も変化させる必要があるということです。

$$\frac{1}{6}+\frac{1}{8}$$

$$= \frac{4 \times 1}{4 \times 6} + \frac{3 \times 1}{3 \times 8}$$

$$= \frac{4}{24} + \frac{3}{24}$$

$$= \frac{7}{24}$$

$$\frac{1}{6} - \frac{1}{8}$$

$$= \frac{4 \times 1}{4 \times 6} - \frac{3 \times 1}{3 \times 8}$$

$$= \frac{4}{24} - \frac{3}{24}$$

$$= \frac{1}{24}$$

4 比とは何か

†比の性質

　ある 30 人の学級には、女子生徒が 16 人、男子生徒が 14 人います。クラスを男女比で表すと、

　　女子：男子 ＝ 16：14

　です。このクラスをふたつの班にわけるとします。男女とも半分ずつ、女子生徒 8 人、男子生徒 7 人なら、班

の男女比はクラスと同じ男女比になります。

$$16 : 14 = 16 \div 2 : 14 \div 2$$
$$= 8 : 7$$

つまり比は、両方を同じ数でわっても変わりません。この関係は、同じ数をかけても同様です。

$$8 : 7 = 16 : 14 = 24 : 21 = 32 : 28 = 40 : 35 = \cdots$$

†役立つ「比の値」

ふたつの数量 A、B の比（A：B）とは、B を基準にして A を表した $\dfrac{A}{B}$ ということです。この $\dfrac{A}{B}$ を「比の値」といいます。

たとえば、16 個のみかんを 14 個と 2 個にわけます。みかん 14 個とみかん 2 個の比は、14：2 です。2 個のみかんを 1 セットにすれば、7：1 という関係になります。このときの数「7」が比の値です。

比率は、同じ数でかけたりわったりしても変わりません（A：B＝A×C：B×C）。また、比の値が分数や小数になっても構いません。

比の値は、日常生活でたびたび必要になります。

手打ちうどんのレシピに、「小麦粉 300 g に対して、塩小さじ 2（10 g）」とありました。小麦粉 450 g なら、塩は

どれだけ必要でしょうか。

このレシピによれば、

小麦粉 300 g：塩 10 g ＝ 30：1

なので、比の値は 30 です。つまり、小麦粉は塩の 30 倍必要（塩の量は小麦粉の量の $\frac{1}{30}$）ということになります。

比の値がわかれば、小麦粉が増減しても、必要な食塩量がすぐに計算できます。

$$450 \text{ g} \times \frac{1}{30} = 15 \text{ g}$$

†割合を示す、10%、$\frac{1}{10}$、0.1 とは

整数は十進法の原理で表されます。つまり、1 が十集まれば 10 ですし、1 が百集まれば 100 です。逆に言えば、100 を 10 等分した数が 10、10 を 10 等分した数が 1 です。

1 を 10 等分すれば、0.1 という小数になります。いっぽう、全体の量を 1 として、それを 10 等分したうちのひとつが、分数の $\frac{1}{10}$ になります。全体量 1 を 100 等分したうちの 53 は、$\frac{53}{100}$。分数は整数の割り算ではありませんが、全体量が 1 ならば、

$$\frac{1}{10} = 0.1、\frac{53}{100} = 0.53$$

ということになります。

このように、全体を1として考えるのが、小数や分数です。本書でもここまで、断りがなければ、基本となる量を1としてきました。

これに対して「割合」とは、全体量と部分的な量との関係を表す概念です。

全体量を100と考えて、そのうちどのくらいの量かを表すのがパーセント（％）です。たとえば、水溶液の濃度を求めるには、

　　濃度(％) ＝ 食塩の重さ(g)÷溶液の重さ(g)×100

と100をかけて計算します。

仮に5％の食塩水1000g中に含まれる食塩の量なら、50gです。

　　食塩の重さ(g) ＝ 液体の重さ(g)×濃度(％)

分数と小数と％の相関をまとめると、次の表のようになります。

分数	$\left(\dfrac{1}{10}\right)$	$\left(\dfrac{5}{10}\right)$	$\left(\dfrac{53}{100}\right)$	$\left(\dfrac{95}{100}\right)$	$\left(\dfrac{1}{100}\right)$	$\left(\dfrac{7}{1000}\right)$
小数	0.1	0.5	0.53	0.95	0.01	0.007
%	10%	50%	53%	95%	1%	0.7%

パーセントによる表記は世界共通ですが、日本には、割、分、厘という書き方もあります。0.1 の位を割、0.01 の位を分、0.001 の位を厘と言い、十進法にのっとっています。基準となる 1 の量を 10（10 割）として考えるわけです。

10 打数 3 安打なら打率 3 割。100 打数 33 安打なら打率 3 割 3 分。世界に誇るホームランバッターだった王貞治氏は 9250 打数 2786 安打なので、通算打率は $\dfrac{2786}{9250}=$ 0.3011、3 割 1 厘です。

5　不定と不能

†2^0 の答えは？

たとえば「$0 \times x = 0$ のときの x を求めよ」という問題は、数学的にはありえません。×0 はすべて答えが 0 なので、x は無数に存在することになってしまうからです。このようなものを「不定」といいます。

それでは、a^0 という問題ではどうでしょうか。

忘れている方もいるかもしれませんが、どんな数も、「0乗」した答えは「1」です。

累乗の計算について、ほとんどの人は a^n なら、a を n 回かけると記憶しています。たとえば、$2^4 = 16$ なら「2を4回かけること！」という具合です。

$$2^4 = 2 \times 2 \times 2 \times 2$$

2^4 の計算を、2を4回かけるとしか理解していないのでは、子どもから「0乗は何で1なの？」と質問されて、おそらく答えられないと思います。

あるいは、2^4 の式でさえ、「2は3回しかかけられていないじゃないか！」と反論されるかもしれません。屁理屈のように感じる方もいらっしゃるかもしれませんが、上述の 2^4 の計算をご覧ください。

この計算では、最初の2に、×2が3回です。つまり、かけるのは4回でなく3回なのです！

こうした疑問を持つ、鋭い子どもは実在します。

いちばん簡単な説明方法としては、「累乗の計算は、先頭に1が隠れている」あるいは「2^4 で、2を4回かけるために、先頭に1をおけばよい」という言い方です。

$2^4 = 1 \times 2 \times 2 \times 2 \times 2$ ということです。こうすれば、2^4 は、1に2を4回かけることができます！

ここが理解できれば、0乗の説明も簡単です。2^4以下、2^3、2^2、2^1と順番に見ていきましょう。

$$2^4 = 1\times2\times2\times2\times2$$
$$2^3 = 1\times2\times2\times2$$
$$2^2 = 1\times2\times2$$
$$2^1 = 1\times2$$
$$2^0 = 1$$

　1に2を0回かけるというのは、何もかけないと同じことですから、$2^0=1$となるわけです。

　別の説明方法も紹介しておきましょう。高校数学の範囲ですが、「指数法則が成り立つように、便宜上$a^0=1$とする」という考え方です。

　指数法則とは一般に、
$$2^{(m+n)} = 2^m\times2^n$$
　$m > n$のとき、
$$2^{(m-n)} = \frac{2^m}{2^n}$$

といった法則です。たとえば、
$$2^{3+4} = 2^3\times2^4$$
$$2^{(7-3)} = \frac{2^7}{2^3}$$
$$= 2^4$$

$2^{(m-n)} = \dfrac{2^m}{2^n}$ において、

$m = n$ の場合も成り立つとしてみると、

$m - n = 0$ なので、

$2^0 = 2^{(m-n)}$

$\quad = \dfrac{2^m}{2^n} = \dfrac{2^m}{2^m}$

$\quad = 1$

となります。

つまり $2^0 = 1$ としておけば、$2^{(m-n)} = \dfrac{2^m}{2^n}$ が、$m = n$ の場合にも成り立ちます。

と、2種の説明方法をご紹介しましたが、じつは $2^0 = 1$ は、証明できるというものではありません。こうしておくと便利だから、$2^0 = 1$ なのです。

なお、以上は「$a > 0$ のとき、$a^0 = 1$」となる場合の話です。$a = 0$ のとき、すなわち、0^0 では、$0^0 = 1$ と考えてよい場合と、「定まらない」とした方がいい場合とがあり、説明しだすと高度な数学理論の話になるので省略します。

†10÷0の答えは？

次に、10÷0 を考えてみましょう。10÷0＝0 と思って

いる方は存外多いようです。どんな数も0をかける（×0）と、答えが0になることからの連想なのでしょうか。

　鋭い小学生のなかには、「10個を0人でわけても10個のままじゃないの？」ということで、10÷0＝10という疑問を大人にぶつけることさえあります。

　そもそも $a÷0$ という式は成り立ちません。つまり、答えも存在しない「不能」ということになります。その理由は次の通りです。

　$\dfrac{b}{a}=c$ が成り立つとき、$b=ac$ となりますが、これがすべての場合に成り立つとすると、$\dfrac{10}{0}=c$ のとき、

$10=0×c$ となってしまい、これは成り立ちません。

　10を0で割ることはできないのです。

　$\dfrac{0}{0}=c$ の場合も、$0=0×c$ となって、c はどんな数でもよくなってしまい、定まりません（不定）。

　というわけで、どんな数も0で割ることは不可能なのです。

第3章

マイナスという不思議な数

1 マイナスの量からマイナスの数へ

†マイナスを実感する方法

　中学生になってまず戸惑うのが、マイナスという数についてです。子どもから、マイナスとマイナスの計算について、

　「−3−5＝−8 と、数字が大きくなる（実際は大きくなったように感じるだけですが）のはなぜ？」

　「（−3）×（−5）＝15 では、マイナス数字とマイナス数字をかけて、答えがプラス数字になるのはどうして？」

　「ひくマイナス〈3−（−5）〉の答えが、どうしてプラス〈＋8〉になるの？」

　といった質問に、よどみなく答えられるでしょうか。

　マイナスを理解するためには、まず具体的な量との対比がわかりやすいでしょう。
・お金の、貯金がプラス、借金がマイナス
・現体重を基準に、増加がプラス、減量がマイナス
・飛行機の高度は、上昇がプラス、下降がマイナス
・現在の位置から東へ向かうことをプラスとしたら、西へ進むことはマイナス
・1袋の個数が決まっているみかんのうち、多い分はプ

ラス、少ない（足りない）分はマイナス

　マイナスの量は、お金なら借金、体重の減少、下向きや後退など、「不足している量」または「反対（の方向）の量」という実例をあげると、イメージしやすくなります。

　−8−5 が答えられない子どもでも、「8円借金（−8）しているのに、さらに5円借金（−5）すると、いくら借金していることになるでしょうか？」と聞けば、13円借金（−13）と答えることができます。
　「10円持っています（＋10）が、欲しいお菓子は15円（−15）です。いくら足りないでしょうか？」という質問に、10−15＝−5 という式が成り立つことを、すんなりと理解できるのです。

2　正負の計算の考え方

†絶対値

　中学校では「絶対値」という言葉を習います。絶対値記号（| |）で数字をはさんで、たとえば |10| というように表現します。
　絶対値が必要になるのは高校数学なので、算数のレベルではことばを習う以外に使うことがなく、すっかり忘

れてしまったという読者もいらっしゃるに違いありませんが、この考え方はマイナスとマイナスの加法を理解するために重要です。

　絶対値とは、「原点からの距離」という要素だけを抜き出したものです。
　たとえば現在地（0地点、原点）から東へ5mを +5m とすれば、反対方向の西へ5m は −5m になりますが、どちらも現在地からみれば、5m 離れています。つまり、原点からの距離だけ見れば、|+5|m=|−5|m=5m ということです。

†マイナスの足し算

　西から東へ動いている点があります。原点から進行方向の東がプラスです。反対方向の西は、原点より以前の位置なのでマイナスです。

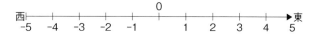

　この図を見ながら、マイナスとマイナスの足し算を考えてみます。
　　（+3）+（−2）＝ +1
　　（−3）+（−2）＝ −5
　上の式は、東（プラス方向）へ3進み、西（マイナス方

向）へ2戻った位置と言うことができます。

　同様に下の式を読み解くと、西（マイナス方向）へ3戻り、さらに西（マイナス方向）へ2戻った位置になるので、目盛りを読めば −5 だとわかります。

　同じ符号同士の加法には、次のような原則が成り立っていることがわかるでしょう。

$$(+3)+(+2) = +(3+2)$$
$$(-3)+(-2) = -(3+2)$$

　この計算規則は、絶対値の概念を使うと次のように言い表せます。

　「同じ符号の数の加法は、符号は同じで、絶対値が両者の和になる」

　たとえば、$(+10)-(+15)=-5$ は、符号が異なる計算です。これを絶対値の概念で言い表すと、次のようになります。

　「異なる符号の数の足し算は、符号は絶対値の大きい方とし、絶対値の大きい方から絶対値の小さい方を引いた数とする」

┼マイナスをひくとプラスになる理由とは

　マイナスのイメージがつかめたと思いきや、躓きやすいのが、

$$(+3)-(-2) = +5$$

というタイプの問題です。
　マイナスをひくとプラスになるとは、どういうことでしょうか？

　貯金と借金で考えてみましょう。
　ある人は、貯金が100万円ありますが、あちこちから借金もしています。借金は50万円、30万円、20万円、10万円で、合計110万円です。この人のお金を式で表すと、次のようになります。

$$+100万円＋（－50万円）＋（－30万円）$$
$$＋（－10万円）＝－10万円$$

　計算すると、10万円ほど借金が上回っています。
　しかしどういうわけか、10万円の貸主が借金をなかったことにしてくれることになりました。「そんなうまい話があるはずない、魂胆は何だ？」という疑問は、ひとまずおいておきます。
　10万円の借金がなかったことになるということは、「マイナス10をひく」ということです。全体として見れば、10増えたこと（プラス10）と同じ意味になります。

$$－（－10）＝＋10$$

　この関係を、貯金と借金の式で表すと、こうなります。

$$+100万円＋（－50万円）＋（－30万円）＋（－20万円）$$
$$＋（－10万円）－（－10万円）＝0$$

　つまり「マイナスの数をひくことは、絶対値が同じ正

の数をたすこと」です。この規則は、小数や分数でも同じです。

†トランプゲームで計算練習

　トランプで楽しみながら正負の数の加法と減法を素早く行うことで、計算力が身につくゲームをご紹介しましょう。暗算で、正負の計算が素早くできるようになる遊びです。

　絵札を除いた40枚のカードを準備します。
　黒いカード（スペード、クローバー）は貯金（黒字）、赤いカード（ハート、ダイヤ）は借金（赤字）です。
　全員にカードを配ったら、まず黒字と赤字を暗算で計算します。
　そして、ババ抜きのように輪になって、隣から1枚抜き取ったら、反対隣の人に1枚引いてもらいます。自分の貯金が他の人の貯金と比べていちばん多くなったと思った時点でストップをかけ、全員が手持ちカードの計算をして、お金持ちを決めるというゲームです。
　手持ちカードの金額を得点にして、数ゲーム後に総合チャンピオンを決めてもいいでしょう。
　たとえば、最初の手札が、
　　黒：2、5、7、9
　　赤：3、6、8、9

だったとすると、

$$(+2)+(+5)+(+7)+(+9)+(-3)+(-6)$$
$$+(-8)+(-9) = -3$$

になります。現時点では -3 の借金生活です。

前の人からカードを1枚引き抜いて、黒の4だったら、所持金は $(-3)+(+4)=+1$ となるので、黒字になり、借金生活から脱却できたことになります。

次の人が自分の手札から $+6$ を引いたら、$(+1)-(+6)$ なので、-5 の借金生活に逆戻りという具合です。

ただし隣の人が、黒の6でなく赤の9を引き抜いたとしたらどうでしょうか。$(+1)-(-9)$ という「マイナスをひく」計算になります。

赤字が減ることで黒字が増えることを、遊びながら実感できるのです。こうした「算数ゲーム」は、ふだんの遊びに積極的に取り入れたいものです。

†マイナスの掛け算

「マイナスとプラスをかけたら答えはマイナス」「マイナスとマイナスをかけたら答えはプラス」と、機械的に暗記した方は多いのではないでしょうか。

「マイナスの数とマイナスの数をかけると、どうしてプラスになるの？」と、あらためて尋ねられると、不思議に思うことでしょう。

それらはどういうことなのか、振り返ります。

　たとえば、毎月 2 kg のダイエットをノルマにしているとします。来月は −2 kg、再来月は −4 kg です。
　　（＋1 か月）×（−2 kg）＝ −2 kg
　　（＋2 か月）×（−2 kg）＝ −4 kg
ダイエットが順調ならば、半年後（＋6 か月）の体重は、12 kg の減量（−12 kg）に成功しているでしょう。
　　（−2 kg）×（＋6 か月）＝ −12 kg
　このように、定期的に減少していく量ならば、現在より前の時点での量は、現在よりも多い、ということで説明するのがわかりやすいでしょう。
　逆に、現時点より前の体重はどうだったかといえば、先月は ＋2 kg、先々月は ＋4 kg、体重が重かったというわけです。
　　（−2 kg）×（−1 か月）＝ ＋2 kg
　　（−2 kg）×（−2 か月）＝ ＋4 kg
さらに遡って、半年前（−6 か月）の体重は、計算上 12 kg 重かったということです。
　　（−2）×（−6）＝ ＋12 kg
　このような具体例は、中学生の方が面白い話を作ってくれることがよくあります。
　問題や解説の自作は納得度を高め、公式なども自然に理解できてしまうものです。たんに「数学の規則だから

覚えよ」は、よい方法ではありません。

†マイナスの割り算

　第2章で、「分数は整数の除法の結果ではない」と書きました。整数を整数でわり、商と余りがでる「整数の割り算」は別格です。整数の範囲での除法は、「商と余り」を求める計算にほかならないからです。

　しかし、それ以外の小数や分数でわる割り算は、すべて掛け算に置き換えられます。

　分数 $\dfrac{a}{b}$ でわることは、この分数の逆数、すなわち、分母と分子を入れ替えた $\dfrac{b}{a}$ をかけるのと同じことでした。「割り算は掛け算に置き換えられる」のです。

　これは負の数でも同じです。負の数が入った数の除法の規則は、次のようになります。

$$(-a) \div \left(+\frac{a}{b}\right) = (-a) \times \left(+\frac{b}{a}\right)$$

$$(+a) \div \left(-\frac{a}{b}\right) = (+a) \times \left(-\frac{b}{a}\right)$$

$$(-a) \div \left(-\frac{a}{b}\right) = (-a) \times \left(-\frac{b}{a}\right)$$

　単純な数字を例にじっさいの計算をご覧いただくほうが理解しやすいかもしれません。

$$(-3) \div \left(+\frac{1}{6}\right) = (-3) \times \left(+\frac{6}{1}\right) = -18$$

$$(+3) \div \left(-\frac{1}{6}\right) = (+3) \times \left(-\frac{6}{1}\right) = -18$$

$$(-3) \div \left(-\frac{1}{6}\right) = (-3) \times \left(-\frac{6}{1}\right) = +18$$

この規則は、整数や小数でも同じです。

$$(-3) \div (+6) = \left(-\frac{3}{1}\right) \times \left(+\frac{1}{6}\right)$$

$$= -\frac{3}{6}$$

$$= -\frac{1}{2}$$

$$(-3) \div (-6) = \left(-\frac{3}{1}\right) \times \left(-\frac{1}{6}\right)$$

$$= +\frac{3}{6}$$

$$= +\frac{1}{2}$$

$$(-3.5) \div \left(+\frac{1}{6}\right) = \left(-\frac{35}{10}\right) \times \left(+\frac{6}{1}\right)$$

$$= -\frac{210}{10}$$

$$= -21$$

$$(-3.5) \div \left(-\frac{1}{6}\right) = \left(-\frac{35}{10}\right) \times \left(-\frac{6}{1}\right)$$

$$= +\frac{210}{10}$$

$$= +21$$

†カッコの外のマイナスに注意

　たとえば、$5x-2(x-3)$ という式を変形するには、この式が、$5x+(-2)\times(x-3)$ という意味であること、そして分配法則にもとづいて、$(-2)\times(x-3)$ を展開する必要があることを忘れてはいけません。これはもちろん、分数でも小数でも同じです。

$$5x-2(x-3) = 5x+(-2)\times(x-3)$$

$$= 5x+(-2)\times x+(-2)\times(-3)$$

$$= 5x-2x+6$$

$$= 3x+6$$

　うっかりミスが多い人は「加減の計算（足し算、引き算）より、乗除の計算（掛け算、割り算）を先に行うこと」「カッコの前にマイナスがあるとき、カッコの中の正負が全部反対になる」という規則を忘れがちなので注意が必要です。

第4章

方程式で何がわかるか

1 数学にとっての文字

†不定定数、未知数、変数

　数学ではたくさんの文字を使います。同じ量や数を文字に置き換えて、等号（イコール）で結んだものが「文字式」です。

　文字式で使うのは、アルファベットの小文字と大文字、ギリシャ文字の小文字と大文字です。これらの文字は、数式のなかでは何でも表すことができるので、抽象的ですが便利なものです。

　数学における文字の働きは、大きく分けて３つあります。

①不定定数としての働き

　たとえば「三角形の面積」の公式（底辺×高さ÷2）は、次のように表すことができます。

$$S = \frac{1}{2}ah$$

　ご覧の通り、S は面積、a は底辺、h は高さです。a や h には、設問に応じたどんな数も入れられるので、不定定数です。

②未知数としての働き

どんな数かわからないときに使う x は、未知数と言います。一般的には、まず x が使われ、次の未知数は y で表されます。

　「毎分 2 L の水を貯めて 30 L になるのは何分後か？」という問題は、「何分後か？」という時間が未知数なので、x と置きます。

$$2x = 30$$

$$x = \frac{30}{2} = 15$$

という計算から 15 分後とわかります。

③変数を表す働き

　これは関数を表すときの変数の文字です。たとえば三角関数ならば、角を表す変数 θ のような場合です。

　ところで、「関数」という言葉は、昔は中国語表記で「函数」と書きました。中国語の発音で「函数」は、英語の関数（function）に近い音なので、中国人にとってはよい表記だったのでしょう。

　戦後に文部省（当時）が主導して、学習指導要領や教科書に日本製の「関数」という書き方を使い始めたことがきっかけで、現在の表記が定着しました。それでもしばらくの間、大学の教科書や専門書は、「函数」を使っていましたが、今ではどの専門書も関数と記述するようになっています。

意味としては、「数の関係を表すのが関数」と言えなくもないので、日本人にとっては、函数より関数のほうが自然な用語かもしれません。

†ギリシャ文字の数学的意味

数学では、ギリシャ文字（小文字と大文字）は、ある程度決まった意味で使う場合があります。参考までに、読み方とともに代表的な意味をあげておきましょう。

α、A……アルファ（方程式の解などで、1文字目）

β、B……ベータ（方程式の解などで、2文字目）

γ、Γ……ガンマ（オイラー定数）

δ、Δ……デルタ（ちょっとだけ増えた。デルタ関数）

ε、E……イプシロン（微少量）

ζ、Z……ゼータ（nの1乗根。ゼータ関数）

η、H……イータ（イータ関数。ζに次ぐ未知数）

θ、Θ……シータ（角度）

ι、I……イオタ

κ、K……カッパ（カッパ曲線）

λ、Λ……ラムダ（波長）

μ、M……ミュー（摩擦係数、平均）

ν、N……ニュー（振動数）

ξ、Ξ……クサイ

o、O……オミクロン

π、Π……パイ（円周率）

ρ、P……ロー（密度。相関係数）

σ、Σ……シグマ（面密度、標準偏差）

τ、T……タウ（時間変数）

υ、Υ……ウプシロン（速度）

φ、Φ……ファイ（角度。確率論の特性関数）

χ、X……カイ（統計で、カイ二乗分布）

ψ、Ψ……プサイ（波動関数）

ω、Ω……オメガ（1のn乗根、抵抗の記号）

†分配法則の思考法

すでに述べたように「分配法則」は、

$$a(b+c) = ab+ac$$

という計算の決まりで、数学の公式など、いろいろな場面で出てきます。分配法則は慣れていないと、式を展開する過程で、分配を忘れたり、＋と－の記号を間違えたりすることが多いので、注意が必要です。

たとえば、以下の①〜③は、全部間違いです。どこが違うか、考えてみてください。

（×）①　$4(-a+b) = -4a+b$

（×）②　$-4(a-b) = -4a-4b$

（×）③　$4(-a+b)-5a-5b = -4a-5a+b-5b$

①はbへの分配を忘れています。②は$-4b$ではなく

＋4*b* の記号間違いです。③は分配忘れ 1 か所と記号間違い 1 か所がある複合ミスです。

一見複雑そうにみえる計算も、分配法則を使って計算すると、単純になって暗算で解けるようになることがよくあります。

たとえば、8×27 という問題を計算してみます。

繰り上がりがややこしく、暗算するのが難しいと思う方がいらっしゃるかもしれません。しかし、分配法則的に考えてみましょう。

27 は 20 と 7 にわけられることに気づけば、

$$8(20+7)$$

となります。8×20＝160 と 8×7＝56 を計算して足せばいいので、8×27＝216 と答えるのは、紙とペンがなくても比較的容易です。

$$
\begin{array}{r}
8 \\
\times\quad 27 \\
\hline
160 \\
+\quad 56 \\
\hline
216 \\
\end{array}
$$

あるいは、99×99 はどうでしょうか。筆算しても骨が折れるでしょう。しかし、99＋1＝100 は小学 1 年生で習う計算です。

$$99×(100-1) = 9900-99 = 9801$$

分配法則を逆に使うこともできます。

$$(-7) \times 41 + (-7) \times 59$$

という問題なら、今度は -7 がかかっている部分に注目し、また $41+59$ を先に計算するとすっきりした数になることに気づけば、答えることは容易です。

$$(-7) \times (41+59) = (-7) \times 100 = -700$$

2　方程式の解法の意味

†移項──イコールの橋を渡る

方程式は、等式の一般的な性質を使って変形することで、未知数を求めるものです。

式を変形する基本方針は、左辺を未知数だけにすること。その際に、「イコールの左側にあるものを右側に移したり、右側のものを左側に移したりするときには、記号を逆にする」という決まりがありますが、この覚え方だけだと、ミスをすることがあります。

たとえば、以下の①〜③はすべて間違いです。

$(\times)$ ①　$3x = a$

$\qquad\qquad x = a - 3$

$(\times)$ ②　$3x = 5a$

$\qquad\qquad x = 3 \div 5a$

$(\times)$ ③　$4 + x = 2x - 6$

$$4+6 = 2x-x$$
$$x = -10$$

等式の性質は次の通りです。

・等式の両辺に同じ数を加えても（同じ数を引いても）等式は成り立つ

$\quad$ A ＝ B ならば、

$\quad$ A＋C ＝ B＋C $\qquad$ A－C ＝ B－C

・等式の両辺に同じ数や式をかけても（同じ数や式でわっても）等式が成り立つ

$\quad$ A ＝ B ならば、AC ＝ BC $\qquad \dfrac{A}{C} = \dfrac{B}{C}$

・等式の両辺を入れ換えても等式が成り立つ

$\quad$ A ＝ B ならば B ＝ A

　移項は、見た目では左側の要素が符号を変えて右側へ移っただけのように見えますが、実際は両辺をイコールで結んだままに保つため、同じ数だけ、両辺を加減乗除しているわけです。

　先の間違いを振り返りましょう。

（○）① $3x＝a$ は $3×x＝a$ なので、両辺を同じ 3 でわる。

$$3 \times \frac{x}{3} = \frac{a}{3}$$

$$x = \frac{a}{3}$$

（○）②　$3x = 5a$ も①と同様に両辺を3でわる。

$$3 \times \frac{x}{3} = \frac{5}{3} \times a$$

$$x = \frac{5a}{3}$$

（○）③　$4 + x = 2x - 6$

x が左辺に、それ以外が右辺にくるように展開する。

$$x - 2x = -6 - 4$$

$$-x = -10$$

$$x = 10$$

†代入法で解く連立方程式

　連立方程式を変形する際には、分配法則のほか代入法や加減法を使用します。わからない数字が2つもあるのはたいへん困ったことなので、わからない文字を1つに減らす、と考えるのが第一歩です。

　まずは代入法を使って、未知数が2つある連立方程式を考えてみましょう。

$$2x + 3y = 25 \cdots\cdots \text{（1）}$$

$$y = 2x + 3 \cdots\cdots \text{（2）}$$

(2) の式は、文字を減らすためには、うってつけの形をしています。$y=2x+3$ ですから、これを (1) の式に代入する、つまり (1) の式の y に置き換えることで、未知数を x だけにできます。

$$2x+3\times(2x+3) = 25$$

　未知数が x だけになれば、解くのは容易です。

$$2x+6x+9 = 25$$
$$8x = 25-9 = 16$$
$$x = \frac{16}{8} = 2$$

　(2) の式は $y=2x+3$ ですから、この $x=2$ を代入します。

$$y = 2\times2+3 = 7$$

と求められるので、この連立方程式の答えは、

$$x = 2 、y = 7$$

となります。

　このように、文字を数字に置き換える方法が代入法です。

　それでは、次の連立方程式はどうでしょうか。

$$3x+y = 13 \cdots\cdots (1)$$
$$2x+3y = 18 \cdots\cdots (2)$$

こちらは $y=$ という形にはなっていませんが、（1）の式を変形すれば、

$$3x+y = 13$$
$$y = 13-3x$$

だとわかりますので、ここで求められた y を、（2）の式に代入します。

$$2x+3(13-3x) = 18$$
$$2x-9x+39 = 18$$
$$-7x = 18-39$$
$$x = \frac{-21}{-7} = 3$$

x がわかったので、（1）の式に代入して、y の値を求めます。

$$3×3+y = 13$$
$$9+y = 13$$
$$y = 13-9 = 4$$

連立方程式の答えは、

$$x = 3 \qquad y = 4$$

となります。

さて、ここまで見てきた連立方程式は、y が容易にわかるものでしたが、単純には「$y=$」という式にできない場合もあります。

$$5x-2y = 17……（1）$$
$$3x+2y = 23……（2）$$

このようなときには、まず式を変形して $y=$ の形にし、以降は同じ手順で、もういっぽうの式に代入して、式を変形するのです。

(1) の変形

$$5x-2y = 17$$
$$-2y = -5x+17$$
$$y = \frac{5x}{2} - \frac{17}{2}$$

(2) に代入

$$3x+2y = 23$$
$$3x+2\left(\frac{5x}{2} - \frac{17}{2}\right) = 23$$
$$3x+5x-17 = 23$$
$$8x-17 = 23$$
$$8x = 23+17 = 40$$
$$x = 5$$

(1) に代入

$$5x-2y = 17$$
$$25-2y = 17$$
$$-2y = 17-25 = -8$$
$$y = 4$$

よって、$x=5$ $y=4$

†加減法で解く連立方程式

　連立方程式を代入法だけで解こうとすると、分数の計算が登場しやすいなど、計算ミスを起こしやすくなります。ミスを避けるためにも、できるだけシンプルに計算するのがスマートです。

　加減法の解法はスマートです。先ほどと同じ問題を解いてみましょう。

$$5x - 2y = 17 \cdots\cdots (1)$$
$$3x + 2y = 23 \cdots\cdots (2)$$

　まず、未知数が x と y の2つもあるのは厄介なので、1つに減らすことを考えるのが連立方程式の解き方でした。

　ここで注目すべきは $-2y$ と $+2y$ です。そして等式の法則を思い出します。

　A＝B であれば、AC＝BC、$\dfrac{A}{C} = \dfrac{B}{C}$、A＋C＝B＋C、A－C＝B－C のすべてが成り立ちますから (1)(2) の左辺同士の和と右辺同士の和も、イコールで結べるのです。

$$(5x - 2y) + (3x + 2y) = 17 + 23$$
$$5x + 3x = 40$$
$$x = 5$$

未知数 y を消すことができました。あとは代入法で $y=4$ を求めます。

　次の問題はどうでしょうか？
　　$4x+3y = 14$……（1）
　　$2x+5y = 14$……（2）
　今回の、$3y$ と $5y$ は、たしてもひいてもゼロになりませんが、3 と 5 の最小公倍数 15 を考えます。
　つまり、（1）の式全体に ×5、（2）の式全体に ×3 とすることで、y をそろえ、その差を求めるわけです。
　　$5(4x+3y) = 14×5 = 70$……（1）
　　$3(2x+5y) = 14×3 = 42$……（2）

　　$20x+15y = 70$……（1）′
　　　$6x+15y = 42$……（2）′

　これで y がそろったので、(1)′ と (2)′ の両辺を引き算します。
　　$(1)′-(2)′ = 14x = 28$
$$x = \frac{28}{14}$$
$$x = 2$$
　これを（1）に代入します。
　　$4×2+3y = 14$

$$3y = 14 - 4 \times 2$$
$$3y = 6$$
$$y = \frac{6}{3}$$
$$y = 2$$

3　関数とグラフ

†正比例のグラフ

　この章の冒頭「数学にとっての文字」のなかで、「関数」という言葉がでました。関数とは、数と数の間の規則（法則）です。

　しかし関数の式だけを見ても、その間にある規則はわかりにくいため、それを図示するのが「グラフ」です。関数のグラフは、横軸が x 軸、縦軸が y 軸と決まっています。

　ここでは正比例と反比例について考えてみましょう。

　正比例を具体量でたとえてみます。仮に密度が一定で、1 cm³ 当たり2 g の物質の体積（y）と重さ（x）の関係を式に表せば、$y = 2x$ になります。

　この式を対応表にしたものが、次の表です。

x (cm³)	0	0.1	0.2	0.3	……	1	1.1	1.2	1.3	1.4	1.5
y (g)	0	0.2	0.4	0.6	……	2	2.2	2.4	2.6	2.8	3

　それぞれの数字を入れると、左図の棒グラフになります。この棒の頂点を結んだものが関数のグラフで、正比例のグラフは右図のような斜めの直線になります。

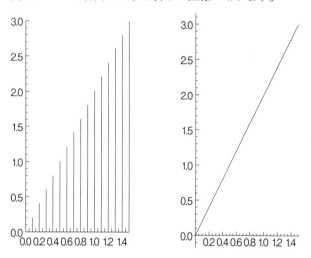

　$y＝2x$ の式の 2 にあたる数字を「比例定数」といい、グラフ上では「傾き」を表します。

　比例定数が変わると、グラフの傾きが変わり、正比例の式 $y＝ax$ の比例定数 a が大きくなればなるほど、グラフは右上がりになり、また直線は垂直に近づきます。

逆に、a がマイナス（$a<0$）の場合の傾きは右下がりになり、x が増えれば増えるほど y は減少していきます。

　比例定数 a の値の変化によって比例のグラフの傾きがどう変わるかイメージしたものが次の図です。

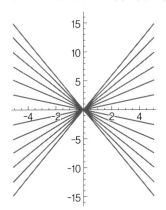

　比例に対して、今度は反比例を具体量でたとえてみます。

　毎月の人件費の上限（100万円）が決まっている会社の従業員数（x）と給与額（y）の関係を式で表せば、$xy=100$、$y=\dfrac{100}{x}$ になります。

この式を対応表にしたものが、下の表です。

x(人)	1	2	3	4	5	6	7	8	9	10
y(万円)	100	50	$33\frac{1}{3}$	25	20	$16\frac{2}{3}$	$14\frac{2}{7}$	$12\frac{1}{2}$	$11\frac{1}{9}$	10

　それぞれの数字を入れると、次の図のようになります。図の棒の頂点を結んだものが反比例のグラフです。

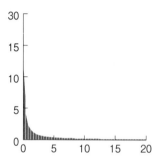

　反比例の式 $y=\dfrac{a}{x}$ の a の値が大きいほど、グラフは急勾配になります。その関係は、a がマイナスの場合（給料や人数にマイナスはありませんが……）も同じです。a の値の変化によって反比例のグラフの傾きがどう変わるかイメージしたものが次の図です。

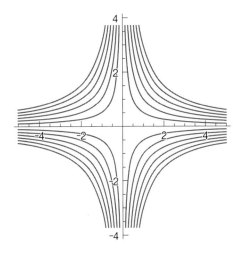

第5章

図形感覚の身につけ方

1 図形問題に強くなる

✝小中学校で習う図形の公式

　図形問題を苦手だと考えている方は少なくないと思います。まず、小中学校で習う重要な図形の公式をあげてみましょう。いくつ覚えているでしょうか。

【小学校で習う図形公式】
・正方形・長方形の面積
　　縦×横
・平行四辺形の面積
　　底辺×高さ
・三角形の面積
　　底辺×高さ÷2
・ひし形の面積
　　対角線×対角線÷2
・台形の面積
　　(上底＋下底)×高さ÷2
・円周率(π)
　　円周÷直径＝3.14……
・円の面積
　　半径×半径×3.14(π)

・円周

　　直径×3.14(π)

・直方体の体積

　　縦×横×高さ

・立方体の体積

　　$(1\,辺)\times(1\,辺)\times(1\,辺)$

【中学校で習う図形公式】

・半径 r、弧の長さ L のおうぎ形の面積 S

$$S = \frac{1}{2}Lr$$

・柱体の体積 V

　　V ＝ 底面積×高さ

・錐体の体積 V

　　V ＝ 底面積×高さ÷3

・半径 r の球の表面積 S

　　$S = 4\pi r^2$

・半径 r の球の体積 V

$$V = \frac{4\pi r^3}{3}$$

・n 角形の内角の和＝$180(n-2)°$

・n 角形の外角の和＝$360°$

・n 角形の対角線の本数＝$\dfrac{n(n-3)}{2}$ 本

・3辺の長さが a、b、c の三角形に、半径 r の円が内接
　している時、三角形の面積 S

$$S = \frac{r(a+b+c)}{2}$$

・3辺の長さが a、b、c の直方体の対角線の長さ
　$\sqrt{a^2+b^2+c^2}$

・1辺の長さが a の立方体の対角線の長さ
　$\sqrt{3}a$

・1辺の長さが a の正三角形の面積 S

$$S = \frac{\sqrt{3}a^2}{4}$$

　高校入試で必ずと言っていいほど出題される「三平方
の定理（ピタゴラスの定理）」は、直角三角形の斜辺 C の2
乗の長さがそれ以外の辺の2乗の和と等しくなるという
ものです。

$$a^2+b^2 = c^2$$

　ここから、次の公式も導かれます。

・一辺 1 の正三角形の高さ $h = \dfrac{\sqrt{3}}{2}$

・30° と 60° の角度をもつ直角三角形の3辺の比
　$=1:2:\sqrt{3}$

⁺図形は触れることでイメージする

　数学は、数についての学問であると同時に、図形の性質について調べる分野を含んでいます。これを幾何学といいます。

　2次元の図形である三角形や四角形、円、球などの基本的な性質や面積等の計算、3次元である立体の体積や展開図、立体の切り口の図形などは、算数・数学の範囲です。

　数とは極めて抽象的な概念だと強調してきましたが、その導入は、具体量でないと、なかなか理解しにくいものがあります。

　図形についても同じことで、算数の授業の最初は、たとえばボール紙でさまざまな形状を作って、じかに触れ

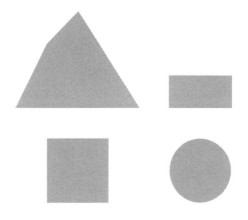

たり、図形の性質を調べたりすることが、その感覚を養い、図形嫌いを減らす近道です。

そして、たとえば三角形の内角の和が180°であることや、外角の定理（外角はそれと隣り合わない2つの内角の和に等しい）、合同や相似を、実際に作って確かめてみるのです。

ボール紙の三角形であれば、合同の条件などは実際に重ねてみれば一目瞭然です

†三角形の合同、3つの条件

「2つの三角形が合同」というとき、2つの三角形はぴったりと重なることを指します。3つの角と3辺の長さが等しいということです。

算数・数学的に2つの三角形が合同であるというのは、次の3つの条件のうち1つでもあてはまる場合のことです。

①2辺とその間の角度（2辺夾角）が等しい

②1つの辺と、両端の角度（2角夾辺）が等しい

③3辺が等しい

ほんとうにこの条件で三角形が定まるか、確認してみましょう。

①２辺夾角が等しい

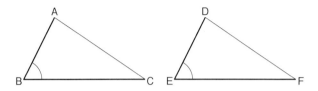

　等しい角（∠ABC と ∠DEF）を合わせて重ねます。それをはさむ辺が等しいので、三角形の頂点が定まります。３つの頂点が定まれば、残りの辺と２つの角も等しくなり、２つの三角形は完全に重なります。

②２角夾辺が等しい

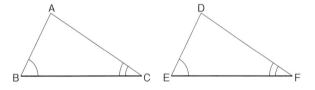

　２角夾辺とは、１辺と、その両側の角度のことです。
　等しい辺（辺 BC と辺 EF）を重ねます。辺の両端の角（∠ABC と ∠DEF、∠ACB と ∠DFE）が等しいので、２つの辺の方向が定まり、直線が引けます。２つの直線の交点として３番目の頂点が定まり、残りの角と２辺も等しくなります。

三角形の内角の和は180°ですから、2角が等しければ、残りの1つの角も、自動的に等しくなります。つまり、「2角夾辺が等しい」という合同の条件は、「2つの角と、どれか1つの辺が等しい」ということができます。

③3辺が等しい
　△ABCと△DEFのそれぞれの辺が等しければ合同です。3つの辺の長さが決まると、三角形は自動的に、1つに定まります。

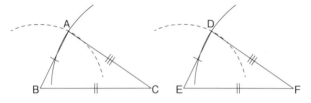

　1つの等しい辺を重ねます。両端から残りの2辺の長さに等しい円を描きます。2つの円の交点として残りの頂点が定まります。これで2つの三角形は重なり、3つの角も等しくなります。

　三角形の合同条件はこの3条件以外にはありません。
　たとえば次の図は、2辺と1つの角が等しい（AB＝DE、AC＝DF、∠ABC＝∠DEF）のですが、三角形ABCと、三角形DEFは合同ではありません。

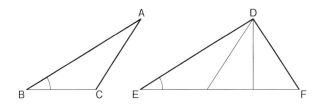

↑直角三角形はちょっと特別

　直角三角形も、もちろん上記３条件で合同ですが、すでに１つの角度が 90° であるとわかっています。そのため、「１つの鋭角と１辺が等しければ合同」と言うことができます。

　三角形なので、直角以外のもう１つの角が等しいなら残りの角も等しくなります。さらに等しい１辺があるので、結局は２角夾辺と同じことです。一般的な教科書には、「直角三角形の斜辺と１つの鋭角が等しいとき合同」と書かれていますが、斜辺でなくても、どこの１辺でもかまいません。

　もうひとつ、直角三角形は２辺が等しい場合、合同になります（２辺合同）。

　直角をはさむ２辺が等しければ、「２辺夾角が等しい」となるので当然合同ですが、直角をはさまず、「斜辺と他の１辺」であっても、その直角三角形は合同です。直角三角形は、２辺が決まれば残りの辺も等しくなってしまうのです。

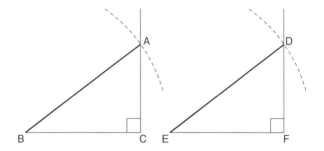

　等しい辺 BC と辺 EF を重ね、等しい斜辺の長さを直角（∠ACB と ∠DFE）の上にとれば、頂点 A と頂点 D が円と垂線の交点として確定します。

　そうすると、∠ABC と ∠DEF は等しくなり、三角形の合同条件である「2辺夾角が等しい」と同じことになります。

　数学的には、直角三角形の2辺合同は、三平方の定理（ピタゴラスの定理）で証明できます。

　辺 a と辺 b とが直角に交わる $\triangle abc$ は、三平方の定理の公式から、$a^2+b^2=c^2$ が成り立ちます。

　これは変形すれば、$a^2=c^2-b^2$ ですし、$b^2=c^2-a^2$ という関係です。

　つまり、斜辺と他の1辺が等しければ残りの辺も等しくなるのです。

　なお、1辺が直角に交わる三角形において、1つの角

度が 60° なら、それぞれ辺の長さは、1：2：$\sqrt{3}$ という比率になります（次の図左）。残りの 2 つの角度が 45°の二等辺三角形なら辺の長さは 1：1：$\sqrt{2}$ という比率になります。

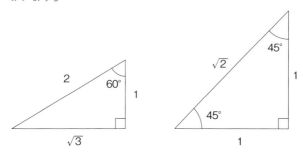

† **三角形の相似、3 つの条件**

2 つの三角形の関係で、合同と並んで大事なのは「相似」の関係です。

△ABC と △DEF が相似であるとは、「形は同じで大きさだけ異なる」場合を言います。

数学的に定義すると、「三角形の 3 つの角度が等しく、各辺の長さが同じ割合になっている」ものを相似と呼びます。

たとえば次の図は、3 つの角が等しく各辺が 2 倍の、相似の関係にある三角形です。

 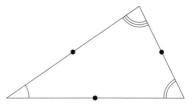

　２つの三角形が相似である条件は、次の３条件のうち
１つでもあてはまることです。
①２つの角が等しい
②１つの角と、それをはさむ２辺の比が等しい
③３辺の比が等しい

　これを１枚の図に示して証明しておきましょう。
　「①２つの角が等しい」について、三角形の内角の和は
180°ですから、２つの角度が等しければ３つとも等しい
のと同じです。このとき同位角が等しいので、AC と
DF は平行になります。「平行線と線分比の定理」によ
り、

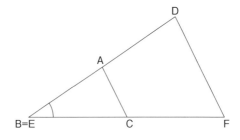

BC : BF = BA : ED = AC : DF

となり、相似になります。

「②1つの角と、それをはさむ2辺の比が等しい」とは、三角形 ABC と DEF の各辺が同じ倍率になっているということで、平行線と線分比の定理により、∠ACB＝∠DFE となり、3つの角が等しくなり、相似になります。

「③3辺の比が等しい」についても、直線 AC と DF は平行なので、平行線と線分比の定理により、

　　∠ACB ＝ ∠DFE

　　∠BAC ＝ ∠EDF

となり、3つの角が等しく、相似になります。

† 対頂角、同位角、錯角

　図形の問題では、便宜的に「補助線」を引くことで、容易に解答を見つけられることがあります。問題の図そのままでは見えなかった辺や角度が、補助線によって可視化されるからです。

　中学入試などで出題される図形問題のほとんどは、図形そのままで考えるのではなく、補助線を活用して解答へと結びつけるものです。その際に解答へのヒントになるのが、合同や相似とともに、対頂角・同位角・錯角といった、図形の性質に気づくことです。

対頂角が等しいとは、交わった2本の直線で、向かい合う角は等しいという性質です。

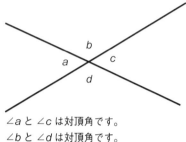

∠aと∠cは対頂角です。
∠bと∠dは対頂角です。

　同位角が等しいとは、1本の直線が、異なる2本の平行線に交わるとき、"同じ位置"にあたる角が等しくなるというものです。

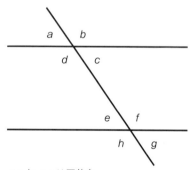

∠aと∠eは同位角
∠bと∠fは同位角
∠cと∠gは同位角
∠dと∠hは同位角

錯角とは、同位角の対頂角にあたります。つまり、2本の平行線に1直線が交わる場合、錯角は等しくなります。

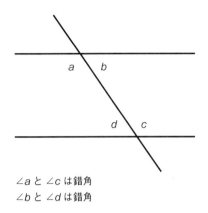

∠a と ∠c は錯角
∠b と ∠d は錯角

†補助線の思考

　補助線を引くことで思考の道筋に光明が差す問題例を、まずはご覧ください。

　平行な2本の直線があります。図のように折れ線が交わっていて、上の平行線と斜線 AB は31°、下の平行線と斜線 BC は37° です。この時 ∠B の角度を求めなさい。

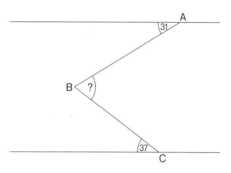

　31°も37°も、離れた位置にあります。ちょっと見ると、難しそうに思われるかもしれません。∠Bの角度をどうしたら知ることができるでしょう。

　こうした問題こそ、補助線によって一気に目の前が明るくなります。たとえば、下図のように∠Bを通る平行線を1本引いたらどうでしょうか。

　補助線と上の平行線の∠ABDは、∠Aと同じ31°になります。これが「平行線の錯角は等しい」と言うこと

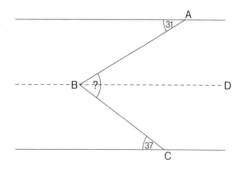

です。

　∠DBC についても同様に、平行線の錯角は等しいので、∠C と同じく 37° です。

　そのため ∠ABC は、31° と 37° を足した 68° が答えになります。

　もちろん補助線の引き方はひと通りだけとは限りません。たとえば次の図のように、AB を延長して下の平行線との交点を D とすれば、∠BDC は ∠A と錯覚の関係にあることが一目瞭然になります。

　ここで外角の定理「三角形の１つの角の外角は、それと隣りあわない２つの内角の和に等しい」を用いれば、∠ABC は、∠BDC（31°）と ∠DCB（37°）の和である 68° と導けます。

　的確な補助線を見つけると、まるで霧が晴れるように目の前が明るくなった気分になります。補助線の威力

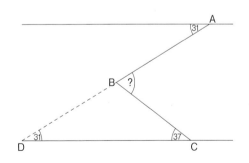

に、至福の喜びを味わえるでしょう。

　もう一問、今度は適切な補助線をどこに引くか、悩む
問題です。

　三角形 ABC があり、∠BAC を 2 等分する線と、底辺
BC との交点を D とします。

　この時、AB：AC＝BD：DC が成り立つことを証明せ
よ。

AB：AC ＝ AD：DC

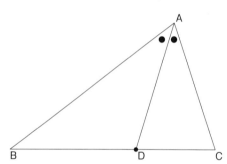

　この問題では、どのように補助線を引いたらいいでし
ょうか。

　たとえば頂点 C を通る、直線 AB と平行な線を引きま
す。そして、直線 AD を延長した線との交点 E を置き
ます。つまり、次の図の直線 CE と直線 DE が補助線で
す。

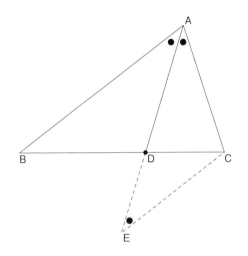

　この図を眺めてみてください。

　補助線 CE は、辺 AB に対して平行に引いた線ですから、平行線の錯覚が使えます。

　　∠BAD ＝ ∠CED

　もともと ∠BAD と ∠DAC は等しいので、

　　∠DAC ＝ ∠DEC

　だとわかります。これは、△CAE の底角が等しいということです。底角が等しい三角形は二等辺三角形ですから、

　　AC ＝ CE

　となります。そうすると、△ABC の比を動かせます。

　　AB：AC ＝ AB：CE

この前提で図をよく見ると、対頂角が等しいこと（∠ADB＝∠EDC）や、錯角の関係（∠BAD＝∠CED）がわかります。△ABD と △CED が相似であることから、「相似三角形は辺の比が等しい」ので、

AB：CE ＝ BD：DC

となり、AC＝CE でしたから、これで目的の比が等しいことを証明できました。

AB：AC ＝ AB：CE ＝ BD：DC

2　円周率 π とは何か

†円周率をめぐる混乱

「円周率というと、3.14 という数字と π の記号は思い出せるけれど、元々の意味は何だっけ？」という人は少なくないでしょう。

まず円周とは、円の外周のことで、たとえばタイヤが1回転する距離でイメージするとわかりやすいでしょう。

円周率は、「円周と直径の比」のことです。円周は直径の何倍かを表す数、と言ってもいいでしょう。これを数式で表すと、

$$\pi = \frac{円周}{直径}、\quad 円周 = 直径 \times \pi$$

となります。

円周を求める公式

$$円周 = 直径 × 3.14$$

$$タイヤの円周 × タイヤの回転数 = 車の前進した距離$$

$$タイヤの回転数 = \frac{車の前進した距離}{タイヤの円周}$$

$$= \frac{車の前進した距離}{タイヤの直径 × 3.14}$$

$$タイヤの回転量 = \frac{車の前進した距離}{タイヤの直径 × 3.14} × 360$$

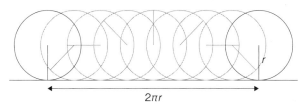

$$2\pi r$$

　この章の冒頭、小学校で習う図形公式として円周＝直径×πを紹介しましたが、直径は半径 r の２倍なので、

$$円周 = 2\pi r$$

としても同じことです。

　2002年、円周率が大きな話題になったのをご記憶でしょうか。「円周率は3.14ではなく3になる」というニュースが広まり、教育界だけでなく保護者も巻き込んで、日本中が騒然となりました。

　しかし結論を言えば、円周率3.14は、当時にあっても消えてしまったわけではなく、そのニュースは誤解でした。改訂された学習指導要領は、「円周率は3とする」な

どとは言っていなかったのです。

その該当部分に書かれていたのは、「円周率としては3.14を用いるが、目的に応じて3を用いて処理できるよう配慮する」でした。

「ゆとり教育」への批判とあいまって、円周率が「3」に簡略化されるという間違った情報が、マスコミによって広げられたのでした。

学習指導要領がいう「目的に応じて」というのは、「詳しい値は必要ない、およその値を知りたいとき」という意味です。

ちなみに、3.14と3ではどれだけ違うかというと、半径1mの円の円周で計算すれば、6.28mと6mなので、28cm差です。

†円周率は無限に続く?

円周率は3.14のあとも、えんえんと続いています。「何桁まで暗唱できるか?」が、話題になることがあるくらいです。

ネットで検索してみたところ、現在のギネス記録は、インドのスレシュ・クマール・シャルマという人が2015年に達成した7万30桁だそうです。そして、2019年には、日本出身の米グーグル技術者が、約31兆4000億桁まで計算したという報道もありました。

円周率の計算はなぜ終わりが見えないのでしょうか。それは、正確な円周が測れないからです。

たとえば、正 n 角形の内側に接する円を描き、その円の内側に接する正 n 角形を描くとイメージは容易になります。外接する正 n 角形も内接する正 n 角形も、n が大きくなるほど円の形と大きさに近づきますが、どこまでいってもピタリと円に重なることがないということです。

半径1の円に内接する正六角形の周 ＜ 半径1の円の円周 ＜ 半径1の円に外接する正六角形の周

ちなみに、上記の証明は三角関数の計算で導くことができます。三角関数は、三角形の角度と線分の関係を表す平面三角法のことで……など、高校数学で習います。

本書が扱うのは小中学校の範囲の算数なので、軽く触れておくと、円に接する正 n 角形は、

・内接する正 n 角形の1辺の長さ $= \dfrac{2\sin\pi}{n}$

・外接する正 n 角形の1辺の長さ $= \dfrac{2\tan\pi}{n}$

です。図に表せば、次の図になります。

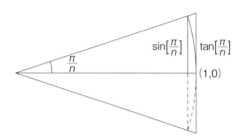

　次の表は、三角関数による計算で正 10^n 角形について調べた結果です（周の長さを 2 でわり、円周率に相当する数値に変換してあります）。

正 10^n 角形 内接する正 10^n 角形の周から	外接する正 10^n 角形の周から
10^1 3.0901699437494742410	3.2491969623290632616
10^2 3.1410759078128293839	3.1426266043351147819
10^3 3.1415874858795633519	3.1416029890561561260
10^4 3.1415926019126656930	3.1415927569440529197
10^5 3.1415926535846255257	3.1415926546233357949
10^6 3.141592653584625525	3.1415926536001286640
10^7 3.1415926535897415613	3.1415926535898965927
10^8 3.1415926535897927217	3.1415926535897942720

10^9 3.1415926535897932333	3.1415926535897932488
10^{10} 3.1415926535897932384	3.1415926535897932386

3 2次元から3次元へ

†立方体、および円柱と円すいの展開図

　3次元の立体図形は、展開図を描くことによって、平面上に表現できます。展開図とは、立体を切り開いて平面に広げることです。

　それでは、サイコロのような各辺が等しい「立方体」の展開図は、何種類考えられるかご存知でしょうか。

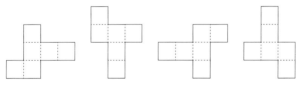

　前図の4つのように時計回りに回転させただけの展開図はすべて同じ図とします。ほかにも、左右対称なだけ、上下対称なだけ、裏返しただけといった展開図も同じものとみなします。

　すると、立方体の展開図は11種類になります。

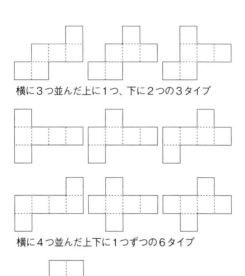

横に3つ並んだ上に1つ、下に2つの3タイプ

横に4つ並んだ上下に1つずつの6タイプ

2段が3つのタイプと、3段が2つのタイプ

　容易に想像できるものもありますが、立方体になるとは思えないものまであるのではないでしょうか。

　たとえば図形感覚を磨くため、子どもといっしょに、この11種類をボール紙などで実際に作成してみることをお薦めします。さらに、それぞれの展開図上で、1の裏が6、2の裏が5、3の裏が4というサイコロの目がどこにくるかを考えると、いっそう図形のイメージ力が高まります。

上下にふたのない円柱の展開図はただの長方形です

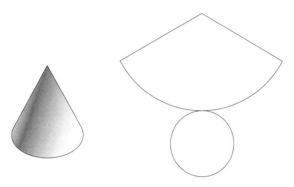

円すいの展開図は円と扇形です

4 立体の断面図

†立方体を切る

　立方体を平面で切るとどんな形があらわれるか。この
タイプの問題を不得手にしている方は多いのですが、切

り口のイメージができない、設問部分を考えているうちに関係性がぼんやりと薄らいでしまうことが、苦手意識の原因として多いようです。

　たしかに、立方体のイメージは複雑で、切り方によって断面は、三角形にも四角形にも、さらに五角形にも六角形にもなります。

　立方体を切断した場合の断面が、どのような切り口になるかを決めるのに最低限必要な条件は、「その立方体の、どの３点を通るか」です。逆に言えば、その３点が決まれば、おのずと断面も決定します。

　立体の切断面をイメージするためには実物を使って確かめるのがよく、それには豆腐が便利です。騙されたと思って、やってみてください。さらに豆腐なら、切り口の確認が終わったら、美味しくいただけます。

　少なくとも、立方体の切断面の説明でわかりにくいと感じたものだけは、包丁を使って豆腐を切って確認してみるといいでしょう。

† 立方体の切断面が三角形になる場合

　次の図のように、立方体 ABCDEFGH において、辺 EF 上の点 X と辺 FG 上の点 Y、そして辺 FB 上の点 Z を通る平面で切ります。切断面は線分 XY、YZ、ZX となり、この切り口 XYZ は三角形です。

どうでしょうか。イメージできますか？

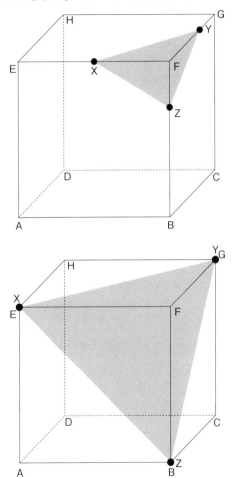

切断した立方体が XF＝YF ならば、XZ＝YZ となり、切断面の三角形は二等辺三角形になります。

　切断する３点 X、Y、Z の位置を広げて E、B、G の３点を通る平面で切ると（前図下）、切断面は正三角形になります。立方体なので、EF＝YF＝ZF だからです。

†立方体のさまざまな断面

　立方体の切り方によって断面がどんな形になりえるか、知っているといないとでは大違いです。

　立方体の断面の形を見つけるヒントは次の２点です。

・同一平面に２点ある場合は、それを結んだ直線が切り口になる

・平行な面にあらわれる切り口の直線は平行になる

　それでは、この２点を念頭に、断面が正方形、長方形、ひし形、台形、五角形、六角形になる場合ついて、図で確認しておきましょう。

　「立方体の３点を通る切断面」を問う問題も、補助線が有効になる場合がよくあります。つまり「切断面に含まれる直線を延長して、軸を延長した線や平面と交差する点を考える」ということです。

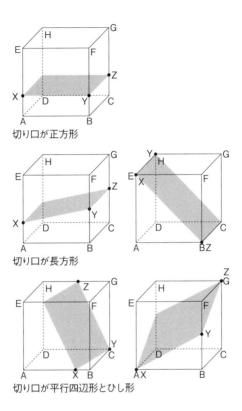

切り口が正方形

切り口が長方形

切り口が平行四辺形とひし形

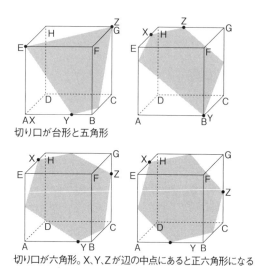

切り口が台形と五角形

切り口が六角形。X、Y、Zが辺の中点にあると正六角形になる

†球、円柱、円すいの切断面

　球や円柱、円すいを平面で切断すると、切り口がどんな形になるかについても、図で確認しておきましょう。

　球の切断面はかならず円になります。

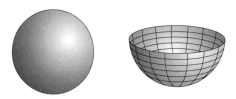

　参考までに、球の切断面がかならず円になることを証

明しておきましょう。球を真横から見た図です。

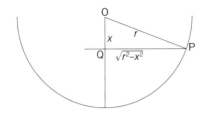

　OP＝r は球の半径で一定です。OQ＝x は、球の中心から x の距離にある平面で切ったので、一定です。すると、直角三角形の三平方の定理から QP＝$\sqrt{r^2-x^2}$ も一定です。それで切断した平面の上で、QP が一定になるので円であることがわかります。

　円柱の断面は、真横に切れば円になり、縦に切ると長方形になり、斜めに切ると楕円になります。そして、切断面が上面や下面の円の部分にかかれば、一部が欠けた楕円になります。

　円すいは、円柱と同様に真横に切れば円になり、斜めに切れば楕円です。ですが、円すいの側面（母線）と平行に切ると、切断面は放物線の形になり、母線より垂直方向に切断すると、その切り口は双曲線という形になります。いわゆる「アポロニウスの円錐曲線論」という理論で、紀元前200年ごろに、ギリシャの天文学者アポロニウスによって証明されました。円錐曲線論は投げたボー

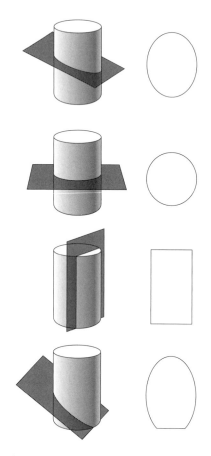

ルの放物線や惑星の楕円運動が計算できることから、の
ちのガリレオ・ガリレイなどに影響を与えた理論です。

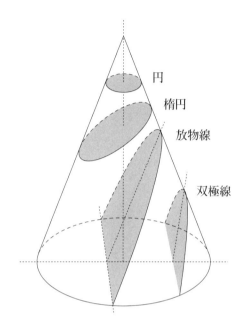

円

楕円

放物線

双極線

5　不思議な図形の研究

†ケーニヒスベルクの7つの橋

　現在のドイツ北部からポーランド西部にあたる広い地域は、16世紀から20世紀初頭にかけてプロイセン王国という国でした。18世紀、東部の東プロイセンの首都・ケーニヒスベルク（現在のロシア、カリーニングラード）の市民が、町の中央を流れるプレーゲル川の橋についての

議論をしたそうです。

　「プレーゲル川にかかっている７つの橋をすべて渡って、元の所に帰ってくることができるだろうか。ただし、同じ橋を２度と通らずに」

　７つの橋と陸地を抽象化すると、次の図のようにかかっていました。

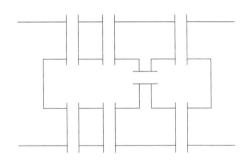

　多くの人が挑戦しますが誰も成功しません。無理なのは確かなのですが、無理であるということの証明もできません。

　この難題に挑んだのが、数学者・天体物理学者として数多くの業績をあげているレオンハルト・オイラーでした。オイラーは、橋と陸地の関係を次の図のようにさらに単純化して考えました。

　要は、「一筆書き」の問題です。上記の橋をすべて、一筆書きで渡ることができるかどうかということなのですが、結論をいえば一筆書きは不可能です。

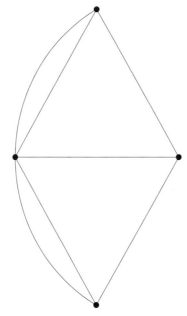

　点と線でできた図形が一筆書きできるためには、次の
2条件のうち、どちらかが必要です。

①すべての頂点の次数（頂点につながっている辺の数のこ
　と）が偶数
②次数が奇数である頂点の数が2で、残りの頂点の次数
　はすべて偶数

　①は、運筆が基点（最初の点）に戻る場合、つまり閉路

を想定しています。つまり、ある場所を出発して、同じ橋を通ることなくその場所へ戻ってくるためには、偶数の道が必要だということです。

②は、運筆が基点に戻らない場合（閉路でない路）です。

「ケーニヒスベルクの橋」の問題は、4つの頂点の次数が5、3、3、3なので、一筆書きはできません。

次の図は、点が6つ、辺が2、4、4、4、3、3と、奇数が2つに残りは偶数なので、一筆書きが可能です。

このオイラーの定理が、幾何学におけるトポロジーという分野のはじまりとされます。

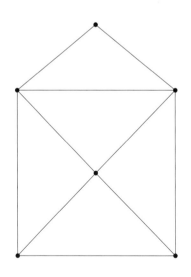

†オイラー前の幾何学とトポロジー

　数学で図形の性質を調べる分野は「幾何学」と呼ばれ、中世までに知られていた研究は、「ユークリッド幾何学」でした。

　古代エジプトのギリシャ系哲学者エウクレイデス（ユークリッド、紀元前3世紀頃〜？）がまとめた『原論』（ユークリッド原論）により、エウクレイデスは「幾何学の父」とも呼ばれます。

　全13巻の『原論』には、「平面図形の性質」「面積の変形（幾何学的代数）」「円の性質」「円に内接・外接する多角形」「比例論」「比例論の図形への応用」「数論」「無理量論」「立体図形」「面積・体積」「正多面体」がまとめられています。

　いっぽうトポロジーは「位相幾何学」といいます。別名「やわらかい幾何学」です。

　何らかの形を延ばしたり曲げたりしても保たれる性質を研究する分野で、量子論や時空の概念から、電車の路線図まで広く応用されています。

†オモテをたどるとウラになる?!

　トポロジーを一般に伝える方法では、よく「メビウスの帯」が使われます。ある側をオモテ面と思って1周すると、反対側（ウラ面）に来てしまっているという図形で

す。紙などで作った帯をひとひねりしてからつなぐという簡単なものですが、面白い性質があります。

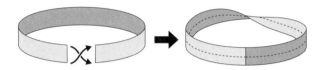

　このひねった帯の真ん中にはさみを入れて1周切っていくと、はたしてどのような形になるか。結果を知らない人の予測は、きっとはずれることでしょう。

　正解は、「2ひねりした長い帯ができる」です。

　今度は、$\frac{1}{3}$ の位置で切ると、「2つの帯にわかれるが、お互いの輪がつながっている」状態になります。

　メビウスの帯は簡単に実験できるので、試してみてはいかがでしょうか。

第6章

偶然と必然のはざま

1 世界は確率でできている

† 誤解される確率

　筆者は数学のなかでも「確率論」を専門としています。確率の意味、客観的根拠や歴史、中学・高校・大学での確率や統計の指導方法を研究してきました。

　この世の中は、偶然性から成り立っています。毎日の生活は、確率的に動いていくので、私たちは確率を知ることが不可欠なのです。

　しかし、確率ほど誤解されているものはないかもしれません。「サイコロを6回投げれば、1が必ず1回出る」「男の子と女の子が生まれる確率は $\frac{1}{2}$」と思い込んでいる大学生もいます。

　コイン・トスをご存知でしょうか。コインを投げて表裏を予測することで、ゲームの先攻後攻を決めたり役割分担したりする方法です。

　2枚のコインで行った場合、確率はどうなるでしょう。ちなみに日本の硬貨は、一般的には年銘（作られた年）が入っているほうがウラとされます。つまり、十円硬貨な

ら、数字の10と令和2年などと書かれたほうがウラ、平等院鳳凰堂が描かれた面がオモテです。

2枚の十円硬貨を同時に投げるとします。
「2枚ともオモテ」「2枚ともウラ」「1枚がオモテで、1枚がウラ」の3通りの結果があります。
そう考えると、たとえば「1枚がオモテで、1枚がウラ」の割合は $\frac{1}{3}$（0.33……）です。

では、この割合を、そのまま確率であると言っていいものでしょうか？

同じ問題を学生に出題し、「2枚の硬貨を投げて、1枚がオモテで、もう1枚がウラとなる確率は？」と質問方法を変えると、別の答えが出てきます。
それは、2枚の硬貨をA、Bと区別して、「AがオモテでBがウラ」「AがウラでBがオモテ」の場合がある、というものです。
つまり、2枚の十円硬貨を投げた結果は、4通りになります。そして、「1枚がオモテで、1枚がウラ」というのは、「AがオモテでBがウラ」「AがウラでBがオモテ」の2つを合わせたものであるから、「その確率は、$\frac{1}{4}$＋

$\frac{1}{4}=\frac{1}{2}$（0.50）である」というのです。

①コイン・トスの結果には3通りあり「1枚がオモテで、1枚がウラ」の確率は $\frac{1}{3}$（0.33……）

②コイン・トスの結果には4通りあり「1枚がオモテで、1枚がウラ」の確率は $\frac{1}{2}$（0.50）

2つの可能性が出てきました。

†コイン・トスの確率の結果は

2つの意見グループにわけて論争させてみます。

①$\frac{1}{3}$＝0.33派の意見

「2つの硬貨はまったく区別がつかない。見た目には区別しようがないですよ。硬貨のAがオモテでBがウラと、Aがウラで Bがオモテとを区別できないのですから、これを二重に数えるなんて不合理でしょう」

②$\frac{1}{2}$＝0.50派

「人間の目には区別できなくたって、硬貨自体は区別しているのですよ。硬貨のAがオモテでBがウラと、AがウラでBがオモテは、きちんと区別されているはずです。1つの硬貨にAと印をつけ、もう1つにBと印を

つければ確率が変わってくるなんて、変な話ではないですか？」

　両派の論争はなかなか収束しません。
　そこで、「どちらが正しいか、どうやって決着をつけたらいいのですか？」と、あらためて問います。
　すると両派とも、「たくさん投げてみて、その中での割合がどちらに近いかで決めればいい」となります。
　誰もが潜在的に、確率を「たくさん投げてみてどうなるか？」であると考えていることがわかります。

　とにかく、2枚の十円硬貨を投げてみます。「1枚オモテ、1枚ウラ」となる割合を計算していくと、100回も投げないうちに結果がわかってきてしまいます。
　いま筆者が20回と50回投げた結果は、次のようになりました。

	20回の試行	50回の試行
2枚オモテの割合	$\dfrac{4}{20}=0.2$	$\dfrac{12}{50}=0.24$
2枚ウラの割合	$\dfrac{4}{20}=0.2$	$\dfrac{7}{50}=0.14$
1枚オモテ、1枚ウラの割合	$\dfrac{12}{20}=0.6$	$\dfrac{29}{50}=0.58$

　この結果を見れば、2枚の硬貨を投げた時、「1枚がオ

モテで、1枚がウラ」となる割合は、$\frac{1}{3}$（0.33……）ではなく、$\frac{1}{2}$（0.50）に近いことがわかります。誰がやっても、同じような結果が得られるでしょう。

たった20回や50回での実験では、ちょうど$\frac{1}{2}$（0.5）になることはありませんが、100回、1000回と投げれば投げるほど、$\frac{1}{2}$（0.5）に近くなっていくのです。

10人が1万回投げて、確率が$\frac{1}{2}$で起きる事柄は、次のグラフに近い線になるでしょう。

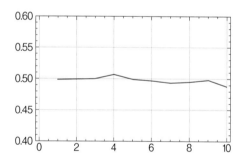

†**構成比率と相対頻度**

10本のくじの中に、当たりくじが3本含まれている例

を考えてみましょう。

このくじ全体の中に、当たりくじが含まれている割合は簡単で、$\frac{3}{10}=0.3$ となります。この割合は一般に、「該当する事柄の構成比率」と言います。

問題は、確率のほうです。10本のくじから1本を引くとき「当たりが引かれる確率」をどのように考えるかです。

当たりくじには、何か特徴があったり、なめらかで引かれやすくなっていたりなど、特別な細工はありません。どのくじも平等に引かれるように作ってあります。

くじは、引くたびに元に戻して、あらためて引くという操作を繰り返します。くじを1本引いたとき、「当たりが引かれれば当たり」「はずれが引かれればはずれ」というだけです。

確率を考えるということは、くじを多数回引かせたときの「当たりが引かれる割合」（「相対頻度」と言います）を考えるということです。

10回試したからといって、当たりがちょうど3本引かれることは、めったにありません。仮に、10回引いた結果が、次のようになったとします。「はずれ、当たり、はずれ、はずれ、はずれ、当たり、当たり、はずれ、はずれ、当たり」なら、「くじを10回引いたら4回当たった」という結果になります。

この場合、相対頻度は $\frac{4}{10}=0.4$ です。相対頻度は、く
じの当たりの含まれる割合とは異なるのです。

では、くじを引く回数をもっと増やしていったらどう
なるでしょうか？

特別な細工をしていないふつうのくじならば、相対頻
度は、当たりくじの含まれる割合（構成比率）に近づいて
いきます。

たとえば10人が1万回くじを引いた場合の相対頻度
は、だいたい次のグラフのように推移します。

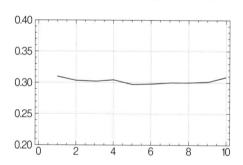

このグラフから、「けっきょく確率は、割合と同じ数値
になるじゃないか」と見えるかもしれません。

しかし、ここには重大な違いが隠されています。

†割合と確率の違い

それは、「10本のどのくじも、多数回引き抜けばほぼ

同じ相対頻度で引き抜かれる」という前提があることです。言い換えれば、「どのくじも引かれる確率が等しい（等確率）」という場合に限るのです。

　困ったことに、高校の教科書などでは、確率を等確率でしか定義していません。高校の教科書に載っている確率の定義は、次の公式です。

　　事象 A の起きる確率 P(A)

$$= \frac{\text{事象 A が起きる場合の数 } r}{\text{すべてが起きる場合の数 } n}$$

$$= \frac{r}{n}$$

　しかしこれは、単なる「割合の概念」でしかありません。確率とは、「多数回の偶然現象における規則性を表す数値」なのですが、この定義には「多数回」の試行も、「偶然」性も、「（相対頻度の安定という）規則性」も表されていません。

　割合に解消できない確率の問題は、世の中にいくらでもあります。

　「日本で、次に生まれる新生児は男子である」という確率は、「生まれるのは男子か女子だけだから $\frac{1}{2}=0.5$」

……ではありません。男子が生まれる確率は女子より少し高く、0.513 です。

あるいは、「50歳の人が1年間に命を落とす確率（死亡率）」についても「亡くなるか生きているかのどちらかなら、$\frac{1}{2}=0.5$ だ」というわけにいきません。

　国勢調査にもとづいて、厚生労働省が5年ごとに発表する「完全生命表（基幹統計）」という統計資料によれば、男性は 0.00245（平均余命 32.74）であり、女性は 0.00145（平均余命 38.36）です（厚生労働省「平成30年　簡易生命表」）。なお、生命保険業は、この生命表のおかげで成立しています。

　プロ野球選手の打率もそうです。打率3割3分3厘（0.333）の選手が2打席凡退すると「そろそろヒットを打つのではないか」と、逆に期待が高まるのは、打率という確率のおかげです。打率3割3分3厘なら、だいたい3打席に1度ヒットを飛ばしている確率になるからです。

　とはいえ、打率は過去のデータをもとにしているものなので、次の打席で、確実にヒットを打つかどうかはわかりません。

　高校の数学教科書は、確率を割合で定義しておいて、課題や試験問題では、割合では定義できない確率の問題を入れているのですから、おかしなことです。

　いっぽう、中学校の教科書はずいぶんとまともです。「確率の数値は、多数回の中での相対頻度が安定してい

く値」ということが、きちんと説明されているのです。多数回の中での相対頻度の変化のグラフも示されています。

　なぜ、中学はまともで高校はおかしくなってしまっているのでしょう。本来ならば、中学の学習をもとにして高校での内容が展開されているはずです。

　その原因は、もっぱら文部科学省が定めている学習指導要領やその「解説」が悪いからです。文部科学省の中で、中学の内容を定める部署と高校の内容を定める部署が何の連絡も取らないことが浮き彫りにされる例です。これでは、中学から高校へと進学してきている生徒たちが混乱するだけです。

　先生たちも、残念ながら、中学と高校の違いに注意を払おうとする方はほとんどいません。

2　順列と組み合わせ

　多くの本では確率の前に、順列や組み合わせが解説されていますが、順列や組み合わせの考え方や計算方法は、確率と、直接的には関係ありません。

　しかし、順列や組み合わせの計算は、日常生活で役に立つことがけっこうあります。そして、確率と同様に勘違いされていたり、苦手意識を持っている人が多い分野です。

そこで、本書でも順列や組み合わせの考え方や計算方法を紹介しておきましょう。

†順列の計算

順列とは、「異なる n 個の中から r 個を取り出して並べると、何通りあるか」を導くものです。

たとえば、松尾芭蕉の有名な一句「古池や蛙とびこむ水の音」の冒頭「ふるいけや」の5文字を並べ替えたら、何通りできるか考えてみましょう。

先頭の1文字目を「ふ」とすれば、2文字目は残りの4文字のうちの1文字になります。3文字目は残り3文字の中の1文字、4文字目は2文字のうちどちらか、5文字目は残った1文字、という具合です。

「ふ・る・い・け・や」「ふ・る・い・や・け」
「ふ・る・け・い・や」「ふ・る・け・や・い」
「ふ・る・や・い・け」「ふ・る・や・け・い」
「ふ・い・る・け・や」「ふ・い・る・や・け」
「ふ・い・け・る・や」「ふ・い・け・や・る」
「ふ・い・や・け・る」「ふ・い・や・る・け」
「ふ・け・る・い・や」「ふ・け・る・や・い」
「ふ・け・や・る・い」「ふ・け・や・い・る」
「ふ・け・い・や・る」「ふ・け・い・る・や」
「ふ・や・る・い・け」「ふ・や・る・け・い」

「ふ・や、い・る・け」「ふ・や・い・け・る」
「ふ・や・け・る・い」「ふ・や・け・い・る」

上記は「ふ」を先頭にした場合のパターンです。

ぼんやりと眺めると、意味がありそうな並びもありますが、ともあれ、この結果から「ふ」を先頭にして並べられる数は、24 通りあることがわかります。

同様に、「ふ」以外の文字を先頭にした場合も、24 通りずつあるので、「ふ・る・い・け・や」の5文字では、全部で 24×5＝120 通りの並べ替えがありえます。

それでは、「A、B、C、D、E の5個のうち3個を並べる数はいくつあるか？」という問題はどうでしょうか。

最初の1文字目は A から E のどれでもかまわないので5通りあります。次の2文字目は（1文字すでに使われているので）4通り、3文字目は3通りです。計算すると次の通りです。

$$5 \times 4 \times 3 = 60$$

このように、「異なる n 個の中から r 個を取り出して並べる数は何通りあるか」を考えるのが順列で、次の公式で表されます。

$$_n\mathrm{P}_r = n \times (n-1) \times (n-2) \cdots\cdots \times (n-r+1)$$

$$= \frac{n!}{(n-r)!}$$

「P」は、英語で「順列」を指す Permutation の頭文字です。「$n!$」は、「n の階乗」と読みます。階乗とは、1から n まで連続する整数の積のことです。

5文字のうち3文字の並びは、60通りあります。これを「5個の異なるものから3個選んで並べる順列の数」と言います。

†組み合わせとは何か

今度は、「並べる数」ではなくて、「選び出す組み合わせの数」を求めてみましょう。

キャンプに出かけた高橋、佐藤、金子、工藤、小林の5人のうち、食事係として3人を決めます。何通りの組み合わせが考えられますか？

5人から3人選んで並べるので、「先ほどの順列の計算と同じく60通りだ」と考えるのは早計です。それでは選ばれた3人の並びを変えただけの場合も、別のものとしてカウントされてしまいます。

「高橋、佐藤、金子」「高橋、金子、佐藤」
「佐藤、金子、高橋」「佐藤、高橋、金子」
「金子、高橋、佐藤」「金子、佐藤、高橋」

上の組み合わせは同じ3人なのに、並びが違うだけで異なったものとして計算してしまっています。

†組み合わせの計算

　この例では、並びの違いはどうでもよいので、この6通りは1つの組み合わせということになります。この3人の並びを替えただけの6通りは、

$$_3\mathrm{P}_3 = 6$$

という計算で導くことができます。$_3\mathrm{P}_3$ は $3×2×1$、つまり3の階乗なので、3! です。

　ほかのパターンでも同様のことが起こるので、その重複も省くと、

$$\frac{_5\mathrm{P}_3}{_3\mathrm{P}_3} = \frac{60}{6} = 10$$

という計算になり、10の組み合わせがあることがわかります。

　この重複を省いた組み合わせは、公式では次のように表されます。

$$_n\mathrm{C}_r = \frac{_n\mathrm{P}_r}{r!}$$

　「C」は、英語で「組み合わせ」を指す Combination の頭文字です。

　ほかの例も見てみましょう。

　「40人の教室から、クラス委員5人を選びたい」場合の組み合わせはいくつあるでしょうか？

$$_{40}C_5 = \frac{_{40}P_5}{5!}$$

$$= \frac{40 \times 39 \times 38 \times 37 \times 36}{5 \times 4 \times 3 \times 2 \times 1}$$

$$= \frac{78960960}{120}$$

$$= 658008$$

†宝くじの組み合わせは？

　人気の数字選択式宝くじに「ロト」というものがあります。いくつか種類があるなかで、比較的当選確率が高いとされる「ミニロト」は、1～31の数字のうち5個の数字を選ぶ宝くじです。1等の組み合わせを計算してみましょう。

$$_{31}C_5 = \frac{_{31}P_5}{5!}$$

$$= \frac{31 \times 30 \times 29 \times 28 \times 27}{5 \times 4 \times 3 \times 2 \times 1}$$

$$= \frac{20389320}{120}$$

$$= 169911$$

　つまり、31個の数字のうち5個を選ぶ組み合わせは、16万9911通りあるという計算になります。逆に言えば、1等は16万9911分の1。

1口200円なので、3398万2200円ですべての組み合わせを購入できますが、宝くじの公式ホームページによれば、1等の当選金額は1004万6800円（推計値）ということです。

　ちなみに1〜43のうち6個を選ぶ「ロト6」なら、計算式は${}_{43}C_6$（組み合わせは609万6454通り）。1〜37のうち7個を選ぶロト7は、${}_{37}C_7$（組み合わせは1029万5472通り）と、まさに天文学的な組み合わせになります。

　さて、次の問題を考えてみてください。

①「7人でキャンプに行きました。7人の中から、今日、水を仕入れに行ってくる人を3人選ぶ方法は何通りでしょう」

②「7人でキャンプに行きました。7人の中から、今日、水を仕入れに行かない残りの4人を選ぶ方法は何通りあるでしょうか？

　①の答えは、

$$
{}_7C_3 = \frac{{}_7P_3}{3!}
$$

$$
= \frac{7 \times 6 \times 5}{3 \times 2 \times 1} = 35
$$

　②の答えは、

$$
{}_7C_4 = \frac{{}_7P_4}{4!}
$$

$$= \frac{7 \times 6 \times 5 \times 4}{4 \times 3 \times 2 \times 1} = 35$$

両者は答えが一致していますが、これは偶然ではありません。7人から「3人を選ぶ方法」と「残り4人を選ぶ方法」はいわば「同じ選び方」になります。1：1に対応しているから、当然成り立つのです。

つまり、次の式が成り立ちます。

$$_nC_r = {}_nC_{(n-r)}$$

それでは、クラスの40人から、クラス委員長1人と書記を1人選ぶ方法は何通りあるでしょう？

「選ぶということは、順列ではなく組み合わせの問題だろうから、$_{40}C_2 = 780$」と考えるのは早合点です。

なぜならば、クラス委員と書記は別の役割だからです。同じ2人でも「鈴木委員長、佐藤書記」と「佐藤委員長、鈴木書記」では、異なる選び方として、2つと数える必要があります。

$$_{40}P_2 = 40 \times 39 = 1560$$

役割が異なるので、組み合わせでなく、順列の問題というわけです。

† 同種のものがある順列

先ほど、松尾芭蕉の「ふるいけや」の5文字の順列を例に見ましたが、高村光太郎『智恵子抄』から、「樹下の二人」（あれが阿多多羅山、あの光るのが阿武隈川。）の「あ

たたらやま」の順列について考えてみましょう。この詩は、高村光太郎が二本松の智恵子の実家に何回も行き、2人で近くの温泉や裏山の松林を散歩した時の楽しい思い出をうたった詩です。

「あたたらやま」という語には、「た」の字が2つあります。

同種のものが含まれている場合に、すべて並べる順列の数を調べようというわけです。

「た」が区別できて、「た1」と、「た2」とでもなっていれば「6個の異なるものをすべて並べる順列の数」ということで、

$$_6\mathrm{P}_6 = 6! = 6 \times 5 \times 4 \times 3 \times 2 \times 1 = 720$$

720通りです。ところが実際は、2つの「た」は区別ができません。そこで同種のものを1つと考えます。

$$720 \div 2! = 360$$

となるわけです。

このように、「n個の中に、区別できないAがa通り入っている」という場合の「n個のものを並べる順列の数」は次のようになります。

$$_n\mathrm{P}_a = \frac{n!}{a!}$$

同種のものが1種類でなくても同じです。たとえば、リンゴが3個、ナシが2個、桃が4個（合計9個）入った籠から、全部の果物を取り出して1列に並べる方法で

す。

　9個のものを並べる順列は $_9P_9＝9!$ です。しかし、リンゴ3個（3!）と、ナシ2個（2!）と、桃4個（4!）は、それぞれ区別がつかない同種のものです。

$$\frac{9!}{3!\times 2!\times 4!}＝\frac{362880}{288}$$
$$＝1260$$

†重複を許す組み合わせ

　果物の詰め合わせを持って、入院している友人をお見舞いするとします。リンゴ、ナシ、桃の3種類から5個の果物でフルーツバスケットを作ります。1個も入れない果物があってもかまいません。いくつの組み合わせが考えられるでしょうか。

　このような問題を重複組み合わせと言います。

　n 種類の中から重複を許して r 個取り出す選び方が何通りあるかを聞く問題です。数学的には、

　　$_nH_r＝_{n+r-1}C_r$ 通り

という公式で表せます。

　「H」は、英語で「同次積」（または斉次積）という意味を指す homogeneous product の頭文字です。

　この問題ならば、

　　$_3H_5＝_{3+5-1}C_5$

$$= {}_7\mathrm{C}_5 = \frac{{}_7\mathrm{P}_5}{5!}$$

$$= \frac{7 \times 6 \times 5 \times 4 \times 3}{5 \times 4 \times 3 \times 2 \times 1}$$

$$= 21$$

なので、21通りが答えになります。

　このタイプの問題は、絵を描くと理解しやすいでしょう。必要な果物は5個なので、5つの●で表現します。

　5つの●がそれぞれの果物ですが、3種類の果物（リンゴ、ナシ、桃）を区別するために縦線を入れます。たとえば「リンゴ2個、ナシ2個、桃1個」と、「リンゴ3個、ナシ2個、桃0個」ならこうなります。

リンゴ2　　　　　｜ナシ2　　　｜桃1
● 　 ●　　　　　｜● 　 ●　　｜●

リンゴ3　　　　　｜ナシ2　　　｜桃0
● 　 ● 　 ●　　｜● 　 ●　　｜●

　つまり、3種類の中から重複を許して5個選ぶという組み合わせは、7つの表現（●5つと縦線2本）で把握できます。その7つの表現のうち●5個の組み合わせを選ぶということにほかなりません。従って、${}_3\mathrm{H}_5 = {}_{3+5-1}\mathrm{C}_5$ となるわけです。

3 偶然と必然の科学

✝偶然とは何か

　偶然と必然は、確率の概念と深く結びついています。では、サイコロを6回振ったら、1から6までの目が1回ずつ出るかといえば、すでに考察したように、そんなことはありません。しかし、質問するとそう答える大学生もいて、理由を聞けば「高校で確率1/6と習ったから」というのです。

　実際サイコロを振ればわかりますが、サイコロ投げで希望の目を出すことは、手品の種を仕込まない限り、ほとんど不可能です。たった6回だけ投げたところで、1から6の目が均等に出るなどということは、まずありえないことがすぐにわかるでしょう。

　いつ起きるか予測が困難なことを、「偶然現象」と呼びます。

　たとえば、地震大国日本では、近い将来にどこでまた大地震が起きても不思議ではないと警戒されています。しかし大地震が起こるという確率ほど誤解されているものはありません。

　2011年3月11日の東日本大震災を予測できた人は、どこにもいません。

2012年、「70％以上の確率で、4年以内にマグニチュード7級の首都直下型地震が起きる」「30年以内に起こる確率は98％」とマスコミで騒がれました。東京大学地震研究所の発表がニュースソースでした。

それから8年以上たった、原稿執筆時点のいまでも、幸いなことに、予測されたような首都直下型大型地震は起こっていません。

じつは、「巨大地震が起こる確率」にはほとんど意味がないのです。あえていえば「五分五分より少し多い」くらいです。

阪神淡路大震災時（1995年）の同地の地震発生確率は0.08〜8％でしたから、逆にいうと、発生確率が低くても、起きるときには起こってしまいます。

偶然現象は、ひとつのことが起きる前に、極めて多数の要因が関係し、複雑に絡み合うので、結果を一義的に予測できないのです。

†地震予知の確率論

筆者は地震予知とはどういうものか、『「地震予知」にだまされるな！——地震発生確率の怪』（明石書店）、『デタラメにひそむ確率法則——地震発生確率87％の意味するもの』（岩波科学ライブラリー）の2冊を上梓しましたが、簡単に触れておきましょう。

政府の地震調査研究推進本部は 2014 年に「30 年以内にマグニチュード 7 程度の首都直下型地震が起こる可能性が 70%」と発表しました。その根拠は、1703 年の元禄関東地震（マグニチュード 8.2）から、1923 年の関東大震災（マグニチュード 7.9）までの 220 年と、その間に発生した 8 つの大地震にありました。

　220 年間に 8 つの地震なので、そのサイクルは $\dfrac{220}{8} =$ 27.5 年に一度、ここに「ポアソン分布」という「めったに起こらない事象の発生確率」の計算を当てはめたのでした。

　この分布の計算は、フランスの数学者シメオン・ドニ・ポアソン（1781-1840）が 1823 年に発表したものですが、大学で学ぶレベルの高等数学になります。

　「ある都市での交通事故でなくなる人の数」「ある都市での火災発生件数」「大量生産における不良品数」「倒産件数」など、要はランダムに発生するイベントが一定期間内に何回発生するかを求めるための数式です。

　このときランダムなイベントとは、起こる確率が常に一定であるものになります。

　ここで問題になるのが、大地震はランダムなイベントといえるかどうかです。サイコロと異なり、大地震は繰り返しの試行ができません。

　220 年間はたしかに長期間ですが、その間たった 8 回

の巨大地震で、地震の発生確率が一定だと仮定できるでしょうか。

┼必然とは規則性のこと

　人間は、偶然と共に過ごしています。ある人が何歳まで生きられるのかは、正直なところ誰にもわかりません。大きな病気が隠れていたり、次の瞬間、大事故に巻き込まれたりは、不確定な要素がものをいいます。

　やりたい仕事はあるにしても、どの会社に入社するかは偶然です（跡取りは除きます）。お見合いにしろ恋愛にしろ、結婚相手との出会いも偶然、生まれてくる子どもの性別も偶然……。我々の人生は、偶然に満ちているのです。

　しかし、考えようによっては、明日はどうなるかわからないからこそ、人生は楽しいのかもしれません。未来のことがすべてわかっていたら逆に、何の希望も見いだせないでしょう。偶然が希望を生み出しているとも言え、その意味で、偶然とはありがたいものです。

　すべての科学は必然性を求めています。必然とは、一定の条件下では必ず起きる事柄です。人間は、個々の人がいつ亡くなるかは偶然ですが、「いつかは必ず死ぬ」ことは必然です。

　自然科学も社会科学も、すべての科学は「必然的に起

きること」の法則を解明しようとするものです。

　地球上で、木から落ちるリンゴが何秒後に地面に落ちるかは、真空中かそうでない場合かも含めて、必然的に決まっています。水は、100℃で液体から気化しますし、0℃以下になると固体（氷）に変化します。これらは、科学的に必然な事柄です。人類はその法則がわかっています。

　日本の電車のダイヤグラムは世界的に見てもかなり正確だと言われます。駅の定刻発車は、私たち日本人の感覚の上では、もはや必然的な現象です。

†偶然の中の必然とは

　いま投げられたサイコロがどの目を出すかは偶然で予測できませんが、多数回投げると、一定の規則性が見えてきます。多数回とは100回や200回ではなく、最低でも1000〜1万回は試行する必要があります。サイコロの規則性とは、「どの目も出る割合（相対頻度）が、0.167≒$\frac{1}{6}$に近い値になっていく」というものです。

　この規則性こそ、必然と言い換えることができます。偶然の中に必然が隠れていたわけです。

　すべての科学は必然性を求めていると前に書きましたが、偶然性を扱う確率論も、偶然性の中に潜む必然性を

研究課題としているのです。

　偶然の中の必然を証明するには、相対頻度の安定性が必要ですが、アプローチには 2 つの方法があります。サイコロの実験を例に、その 2 つの方法を説明しましょう。

† 確率の弱法則

　サイコロを投げて 6 の目が出る回数を調べます。20 人が 10 回ずつ振って、仮に次のグラフのような結果になったとします。

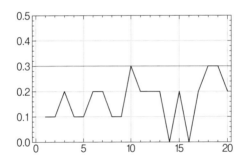

　20 人いても結果にバラつきがありますが、これは投げる回数が 10 回と少ないからだと考えられます。20 人が投げる回数を 1000 回、さらに 1 万回に増やすと、たとえば以下のグラフのように変化するはずです。

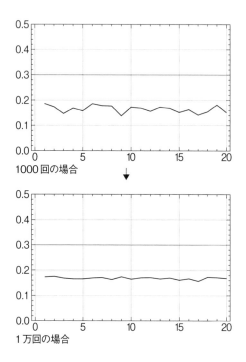

1000回の場合

↓

1万回の場合

　折れ線グラフの凸凹がどんどん小さくなり、$0.167 \fallingdotseq \dfrac{1}{6}$

のあたりでなだらかになるでしょう。この値が、「相対頻度が安定していく値」で、このような必然性を「弱法則」と言います。

† **確率の強法則**

　1人1万回サイコロを振ったときの6の目の出現率の途中経過を調べてみます。この変化をグラフで表します。

　もちろんこの実験は偶然現象ですから、1回1回の結果は実験のたびに変動します。途中、$\frac{1}{6}$ の値から離れてしまうことはたびたびあるでしょうが、多数回の実験結果を全体的に眺めれば、そう遠い値ではないはずです。

　10人の結果をグラフで表せば、次のような線になることがわかっており、この法則性・規則性が「強法則」です。

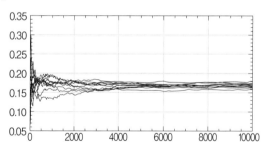

　ただし、確率論を理論的に展開していく場合「強法則から弱法則」は導けるのですが、「弱法則から強法則」を証明することはできません。その区別のために、「強法

則」「弱法則」という名前の違いがあります。

いずれにしても、大事なのは、「サイコロの何の目が次に出るか予測できないような偶然現象においても、多数回の試行の中には、必然性がある」と証明されることです。その結果、偶然現象を科学的に扱うことが可能になり、「確率論」という数学の一分野が存在できるわけです。

†直感と数学のセンス

算数や数学は、きちんとした論理的計算や思考の過程を経ずに正解にいたってしまうこともあります。それだけを抜き出せば、直感が冴えていたと言えるでしょう。

たとえば、小学生の中には「鶴亀算」のような問題を、計算もせず正解してしまう子どもがいます。

どのように考えたのかじっくり聞いてみると、たった５匹なので、適当に鶴２羽と亀３匹でわり当てて計算したら、足の数がピッタリ合った、といううち明け話になります。これは論理的とは言えないので、直感を働かせて正解したということです（あとから確認のための計算はしていますが……）。

同様に、小学校の低学年でも、習っていない「繰り上がりのある足し算」や掛け算を自分流に身につけて、工夫して問題を解いてしまう生徒がいます。

27＋36の10の位の計算（２と３の足し算）は、どうせ

下から繰り上がってくるのだろうから、はじめから 1 を加えて 6 になると考え、1 の位の計算（7＋6）は、6×2＝2×6＝12 を使って、それより 1 多いから 13 だということで、63 と答える子どもがいました。

　こちらはもう少し論理的なので、彼らは数学的なセンスが高いと言えますが、直感をうまく利用しているのは同じことです。

　しかし、とくに確率においては、鋭い数学センスを持った彼らでさえ、直感通りにいかないと思って間違いありません。

　2 枚の硬貨を投げて裏表のどちらが出るかは、見た目では 3 通りですが、$\frac{1}{3}$ と考える直感は正しくないことを、先に確認しました。

　ここからは、確率において直感が当てにならない例を、いくつか紹介します。

† 検査で陽性なら病気の可能性は？

　その病気にかかるのは 1000 人に 1 人（0.001）という難病です。罹患を判別するための検査が開発され、その精度は 90％ です。病気にかかっていなくても 10％ は陽性という結果がでてしまいますし、病気であっても 10％ が見逃されています。

定期健康診断を受けたあなたが、この病気の可能性を告げられ、さらに詳しい再検査の通知を受けたらどうでしょうか。

　「病院の検査で陽性判定された。その検査は 90% と信頼度が高い。もうだめだ……」と、再検査を受ける前から悲観的になるのではないでしょうか。とても心配になるのも無理はありません。これが、普通の「直観による確率」です。

　では、あなたがこの病気にかかっている確率は、本当のところどれくらいなのでしょうか。

　こうした「条件つき確率」を計算するには、「ベイズの定理」を使います。ここではその考え方にそって、見ていくことにしましょう。

　まず、検査結果には全部で 4 つの可能性があります。
①難病にかかっており検査で陽性
②難病にかかっており検査で陰性
③難病にかかっていないが陽性
④難病にかかっておらず陰性

　先の文章から、あなたの状態は①か③です。

　まず①と判定される人がどのくらいいるかと言えば、$0.001 \times 0.9 = 0.0009$ です。健康診断で病気が見つかる人は 0.09% になります。

　次に③と判定される人はどのくらいいるかと言えば、

$0.999 \times 0.1 = 0.0999$ です。病気でないのに陽性判定される人が 9.99% いることになります。

この場合、陽性判定だったとしても実際には罹患していない可能性のほうが 111 倍も高いのです。

そして、あなたが本当に病気である確率を計算すれば、$0.09 \div (0.09 + 9.99) = 0.0089285\cdots$ なので、0.89% しかありません。

†モンティ・ホール問題

アメリカのクイズ番組の最終問題です。挑戦者の目の前に用意された 3 つの扉のうちひとつを開けると、なかに高級車が入っています（当たり）。残りの 2 つの扉の向こうにいるのは山羊です（ハズレ）。

挑戦者はまずひとつの扉を選択します。すると司会者のモンティ・ホールは、選ばれていない 2 つの扉のうち片方を開いて、ハズレの山羊を見せながら、最終的な扉の選択を、もう一度挑戦者に迫る、という番組の構成でした。

この演出について、米国のコラムニストのマリリン・ボス・サバントは、扉を変更するほうが 2 倍当たる、扉を変更するほうが得だと指摘しました。サバントは、世界一 IQ が高いとギネスブックに認定されたこともある人物です。

この「モンティ・ホール問題」は、数学者も巻き込ん

だ大論争に発展しました。

　モンティ・ホールが山羊の入っている扉を開けた時点で、残りは２つです。直感的には、「どちらに高級車が入っているかわからないのだから、変更してもしなくても当たる確率は $\frac{1}{2}$ ではないか」と考える方が多いのではないでしょうか。

　しかしそれは間違いです。

　私も大学の授業や銀座の街中で実験して確認しましたが、サバントが喝破した通りの結果でした。

　私の知人の中学校の先生によれば、授業でモンティ・ホール問題を実験してみせて、その意外な結果に中学生たちを驚かせているのですが、なかには確率の考え方を教えていないのに、その答えにいきついている数学的センスのある生徒もいるそうです。

　その生徒の考えがとても理に適っていたので、紹介しましょう。

　選択を変更しないということは、最初の３つの扉から、高級車が入った扉を選択する確率ですから、普通に、$\frac{1}{3}$ です。

　最後の選択では、扉の数が１つ減らされているので、最初に自分が選んだ扉か、高級車が入っているかもしれ

ない扉になります。

　選択を変更して高級車が当たるということは、最初の選択がハズレだったという場合です。そして、最初の選択でハズレを引く確率は、$\frac{2}{3}$ なのです。

　このような論理を見いだせた中学生は、あるいは、「正しい直感」が働いたのかもしれません。

　間違った直感は、モンティ・ホールが山羊の扉を開けて見せた時点で、「残り2部屋。どちらも平等だから、確率は $\frac{1}{2}$ だ」というほうなわけで、有名な数学者でも、そう考えてしまいがちなことが明らかになった一件でした。

†3人の囚人問題

　有名な問題ですが、モンティ・ホール問題と対比すると面白いのが3人の囚人問題です。

　死刑執行を待つ3人の囚人 A、B、C がいます。国の慶事があったことから、3人のうち1人に恩赦が与えられることになりました。

　3人とも、こう考えます。

　「恩赦になるのは3人のうち1人か。確率は $\frac{1}{3}$ と、わりに低いな、あまり期待しないでおこう」

恩赦になる囚人は、王様がくじ引きで決めました。看守はその結果を知っています。

　囚人Aは、看守に聞いてみました。「看守さんよ。恩赦になるのは1人だけなのだから、BとCのどちらかは予定通り死刑になるわけですよね。どちらが死刑になるか教えてくれても、あなたには損得ないので無関係でしょう。お願いします。どちらが死刑になるか教えてください」

　看守は、「それももっともだ」と考え、Aにこっそりと、「Bは死刑になるよ」と教えてしまいます。

　これを聞いた囚人Aは、

　「Bが死刑ということは、恩赦になるのは、自分かCのどちらかだ。恩赦になる確率が $\frac{1}{2}$ に上がったぞ」

　さて、大喜びしている囚人Aの考えは、正しいでしょうか？

　恩赦になるのはAかCかの2通りです。そうならば、Aが恩赦になる確率は $\frac{1}{3}$ から $\frac{1}{2}$ に高くなったように思えます。しかし、これは間違った直感です。ベイズの定理を使えば計算できるのですが、計算でなくても正解に達することができます。

　仮に、王様が300回くじを引いたなら、確率としては

Ａの恩赦が 100、Ｂ のそれが 100、Ｃ も 100 です。もちろん、たった 300 回のくじ引きで、三者が均等に 100 ずつになるわけではありませんが、回数が多くなるほど、その割合は均等に近づくと考えてよいでしょう。

Ａ が恩赦になる場合、Ｂ と Ｃ が死刑になる確率は $\frac{1}{2}$ ですから、それぞれ 50 回になります。

Ｂ が恩赦になる場合、看守は「Ｂ は死刑」とは言わないので、「Ｂ が死刑」と言うのは 0 回です。

Ｃ が恩赦になる場合、看守は自動的に「Ｂ は死刑」と言うので、この場合は、100 回あります。

つまり、看守が「Ｂ は死刑だ」と言う場合は、

$$50＋0＋100 ＝ 150$$

になります。その状況なら、Ａ が恩赦になる確率は 50 回だけです。したがって、その確率は、$\frac{50}{150} ＝ \frac{1}{3}$ のままとなります。

囚人 Ａ が「恩赦になる確率は高まった」と考えたのは間違いで、「Ｂ が死刑になる」と聞いた後も、依然として Ａ が恩赦になる確率は $\frac{1}{3}$ で変化がないのです。

このような例でわかることは、確率の分野では特に、「直感的な確率」は、本当の確率と異なる場合が多いので注意しなければいけない、ということです。

ちくま新書
1545

学びなおす算数

2021 年 1 月 10 日　第 1 刷発行

著者
小林道正
（こばやし・みちまさ）

発行者
喜入冬子

発行所
株式会社 筑摩書房
東京都台東区蔵前 2-5-3　郵便番号 111-8755
電話番号 03-5687-2601 （代表）

装幀者
間村俊一

印刷・製本
株式会社 精興社

ちくま新書

1389	1314	1231	1186	1156	966	950
中学生にもわかる化学史	世界がわかる地理学入門 ――気候・地形・動植物と人間生活	科学報道の真相 ――ジャーナリズムとマスメディア共同体	やりなおし高校化学	中学生からの数学「超」入門 ――起源をたどれば思考がわかる	数学入門	ざっくりわかる宇宙論
左巻健男	水野一晴	瀬川至朗	齋藤勝裕	永野裕之	小島寛之	竹内薫
世界は何からできているのだろう。この大いなる疑問に挑み続けた道程を歴史エピソードで振り返る。古代哲学者から錬金術、最先端技術のすごさまで！	気候、地形、動植物、人間生活……気候区分ごとに世界各地の自然や人々の暮らしを解説。世界を旅する地理学者による、写真や楽しいエピソードも満載の一冊！	なぜ科学ジャーナリズムで失敗が起こり、読者の不信感を引き起こすのか？ 原発事故・STAP細胞・地球温暖化など歴史的事例から、問題発生の構造を徹底検証。	興味はあるけど、化学は苦手。そんな人は注目！ 原子の構造、周期表、溶解度、酸化・還元など必須項目をやさしく総復習し、背景まで理解できる「再」入門書。	算数だけで十分じゃない？ 数学嫌いから聞こえてくるそんな疑問に答えるために、中学レベルから「数学的な思考」に刺激を与える読み物と問題を合わせた一冊。	ピタゴラスの定理や連立方程式といった基礎の基礎を出発点に、美しく深遠な現代数学の入り口まで到達する道筋がある！ 本物を知りたい人のための最強入門書。	宇宙はどうはじまったのか？ 宇宙は将来どうなるか？ 宇宙に果てはあるのか？ 過去、今、未来を縦横無尽に行き来し、現代宇宙論をわかりやすく説き尽くす。

ちくま新書

教科書に載っていても実は通じない表現や和製英語など、日本人の英語は勘違いばかり！　長年日本人の英語に接してきた著者が、その正しい言い方を教えます。

読解、リスニング、会話、作文……英語学習の本質をコンパクトに解説し、「英語の教養」を理解し、発信できるレベルを目指す。コツを習得し、めざせ英語の達人！

いろいろな学習法を試しても、英語の力が上がらないのはなぜなのか？　本当にすべきことは何なのか？　人気予備校講師が、効果的な学習法やコツを紹介する！

「ほめて育てる」のは意外と難しい。間違えると逆効果。どうしたら力を伸ばせるのか？　データと実例で「ほめ方」を解説し、無気力な子供を変える育て方を伝授！

日本語なのにお手上げの評論読解問題。その論述の方法を、実例に即し徹底解剖。アテモノを脱却し上級の教養をめざす、受験生と社会人のための思考の遠近法指南。

教科書の名作は、大人こそ読むべきだ！　夏目漱石、森鷗外、丸山眞男、小林秀雄などの名文をカリスマ現代文講師が読み解き、社会人必須のスキルを授ける。

「超速読力」とは、本や書類を見た瞬間に内容を理解し、コメントを言えるという新しい力。本質をつかむために必須の能力なのだ。日本人なら誰でも鍛えられる。